Star
星出版

新觀點
新思維
新眼界

歡迎進入
管理階層

從一流工作者成長為卓越領導者

WELCOME TO
MANAGEMENT
How to Grow from
Top Performer to
Excellent Leader

萊恩・霍克 Ryan Hawk 著

周宜芳 譯

Star 星出版

献给老妈和老爸
我过去、现在与未来的卓越领导典范
谢谢你们

目錄

領導力之旅，始於檢視自我

對你而言，成為成功領導者的意義何在？

　　如果你的目的地不只是未知——而是不可知，導航將是格外艱鉅的挑戰。

　　在陸軍，你學到的頭幾件事，地面導航是其中之一。事實上，我在連腳都還沒踏進戰場一步之前，就已經學過地面導航；這在西點軍校是一門必修課程。地面導航乍聽非常困難（確實如此），但是它的核心原則很簡單：軍人必須學會利用簡單的工具（最複雜的不過就是指南針），順著一條路徑，穿越不熟悉的地域。

　　熟悉地面導航技術至關重要，原因有幾個。兩軍在戰場上對陣交戰時，知道己方的位置（並想辦法確認敵方位置），就能研擬複雜而精準的攻擊敵方計畫。地面導航也能讓每個士兵都朝共同目標挺進，因此有助於建構強大的團隊。或許最重要的還是，以戰事變化多端的本質來看，在一個無法奢望網際網路或衛星定位系統（GPS）的世界裡，地面導航能夠幫助我們找到方向。

　　地面導航的關鍵是：對自身與目的地的相對位置持

續保持察知。由於你的位置隨時都在移動，這不是一件容易的事。關鍵在於，在進行這些步驟時，你需要一張地圖。如果我們對自己所站的位置、對我們周遭的世界，以及我們想要去的地方一無所知，我們就可能會漫無目標地遊走。以此來看，地面導航與領導，並非是截然不同的兩件事——在此兩者，通往最終目的地的路徑都有好多條。但是，如果沒有地圖，我們怎麼知道要去哪裡？

　　我大半的人生都在研究領導，它是我在西點軍校時期、軍旅職涯的核心，也是我身為麥可克里斯托顧問公司（McChrystal Group）創辦人時期的起點。我藉由每一項新挑戰，省思自己的價值觀，思索前輩走過的路。透過這些，我認為我稱得上是領導力專家。社會似乎也認可這點；我有幸能闖出一番小小的成就。我在伊拉克與阿富汗領兵的時候，面臨許多困難的決策，但是我的團隊和我的勝績多過我們預期。九年前，我開始在耶魯大學的傑克森全球事務學院（Jackson School of Global Affairs）教授領導課程，一直到今天都還在開課。在私部門，麥可克里斯托顧問公司也創造了開發領導力的新方法。

　　我知道我自己非常幸運，但是我也相信，我的領導力在我的勝利背後扮演了重要角色。我是技術精良的地面導航人員，我在職涯成功領導團隊邁向目標。然而，我在寫回憶錄時卻開始體認到，通往我的目的地的那條

路，其實需要許多轉向。我在研究我的軍旅時期的細節時才開始明白，我的成功真正來自何處。就算是在我自己的故事裡，我也發現，我其實是配角，我的團隊所達成的成就，不完全是我的原因。在回顧之時，我清楚看到，關鍵在於我們對調適力的關注。我的工作（以及我的領導者角色）會根據我的隊友的需要而轉換，至於如何轉換，取決於當時的脈絡。

自從我出版《我的任務》（*My Share of the Task*）一書之後，我開始重新構思，怎麼樣才能算是優秀的領導者、高效能的領導者，以及一流的領導者。所有這些廣泛的哲理思考都幫助我理解，領導力不是我們所想的那樣，而且從來就不是。

領導力不是我在課堂上學到、然後在人生道路上實踐的東西，它是我在一生中建立的關係的產物。從一個年輕學員到目前在維吉尼亞州亞歷山卓市的生活，這一路走來，並沒有地圖為我指路。只有借助後見之明，我才明白，我所走過的路途的真正本質，以及我成為現在這樣一個人所憑藉的是什麼。在我人生的任何一個時點，引領我朝著真正的方向前進的，是我內在的羅盤。

因此，領導或許關乎如何為我們自己開路，更重要的是，領導是接受這樣的事實：在展開旅途時，就預想自己最後會走到哪裡，最後可能會落得一場徒勞。我們永遠可以立志成為自己期許的那種領導者，但是不能指望有現成地圖告訴我們怎麼達到那個境地。如果有這樣

的地圖，我們都能輕易找到任誰都能練就卓越領導力所需要的特質、行動和選擇。然而，每個人在自己的人生中都有獨特的定位，每個人為了達到希望的目標所必須走的路也就沒有共同路徑可言。

在這條路上，領導者比較不像導航員，反而更像是製圖師。我們勾勒著自己通往未來的道路，同時知道自己無法預測前方的路況。這種不確定性令人興奮——面對一個充滿各種可能性的世界，我們不但不應該害怕，反而應該壯膽前行；因為我們知道，儘管可以從別人開拓的路徑學習，我們擘畫的路線完全只屬於我們自己。我們在探索一個新世界，一個沒有別人可以透過我們的眼睛看到的世界。我們最終歷經的旅程會塑造我們，這趟旅程就是我們的領導力之旅。

但是，要從哪裡著手？

沒錯，這是一個困難的問題。你正在讀的這本書，就是一個非常好的起點，提供精闢細膩的見解，明確指出一套建構計畫的最佳方法，啟發我們應該如何領導——起點就是重新檢視自我。

製圖師在不熟悉的地域展開旅程時，會從能夠辨識、觀察的事物著手，他們的自處方式就是尋找最在行的事物。一如萊恩指出的，在發展領導力之路，我們必須從自己開始，內在與外在雙管齊下。只有這樣，我們才能開始有效打造團隊、領導團隊，最終追求領導力能

夠通過時間的考驗。

　　製圖是艱鉅的任務，也不是人人崇尚的工作，一如萊恩適切指出的。我們有多麼仰賴科技為我們指出正確方向，就有多麼規避那些迫使我們與真正自我纏鬥的深刻思想。然而，在現在這個社會，無論變得多麼複雜、多麼機器導向，都比以往更加需要領導力。要成為製圖師，需要勇氣；雖然這是艱辛的工作，卻是正確的工作。

　　關於領導力的著述，在今日也是一種特殊的挑戰。每週都有新書上市，宣稱是成為優秀領導者的唯一真道。但是，關於領導力的養成過程，還有成長為領導角色的經驗意義何在，卻很少有書籍能夠直指精要加以論述。請你在閱讀這本書的時候，思考成為成功領導者的意義何在。請務必分析萊恩所討論的終極報酬，以及你對這份報酬的看法。最重要的是，請你做出清醒的決策，不要仰賴別人走過的路；就像萊恩說的，你的旅程始於你自己。

　　你讀完這本書之後，對於如何成長為萊恩所討論的領導者會有許多想法。若是如此，我的建議是：放下地圖，拿起羅盤。我等不及看你要往哪裡走。

史坦利・麥可克里斯托將軍（General Stanley McChrystal），
退役美國陸軍上將

Hi! 超級巨星
歡迎進入管理階層

我還在學習。*
——米開朗基羅

在我嶄新的辦公室，珍妮佛悄無聲息地出現在門口。我抬頭看到她站在那裡，幾乎要跳起來了。她抿著嘴，努力控制著，不讓情緒浮現在那張顯然很清楚的臉上。事情不大妙，這是我當主管的第一週，我的辦公室有牆、有門可以關上，更別提那片寬闊的窗戶和那張時尚的赫曼米勒（Herman Miller）辦公椅。

「我做了什麼？」自我懷疑的念頭湧上我的心頭。才不過幾天之前，我獲得晉升，領導這個我曾是其中一員的團隊。

他們選我當主管，她可能不開心，或者她認為我不配，我太年輕，經驗貧乏。她是對的嗎？我只有 27 歲，

---

* 原文「Ancora imparo」為義大利文。一般認為這句話出自文藝復興時期的天才米開朗基羅，推估他在 87 歲時仍然恪遵此言。

　　她當年踏入職場時，我還在念研究所。

　　「喔！嗨，珍妮佛。怎麼了……」我還沒來得及把話說完，她就開口了。

　　「萊恩，我先生有外遇，」她說，聲音顫抖。「他想要……離婚。」

　　什麼？如果這一刻有配樂，就在珍妮佛的話說出口之際，音樂應該會在刮唱片的尖銳巨響裡戛然而止。

　　「她為什麼要告訴我這個？我應該做什麼？」我的心思飛快流轉。

　　我不曾想過要對老闆吐露這種訊息，特別是對方在幾天之前還只是一個偶有交集的同事，就不用說當我就是那個被找上門的「老闆」時，會知道要如何反應。我沒想過新任主管職會有這種對話，沒人告訴過我主管要處理這種情況。

　　歡迎來到主管的世界！

　　如果你拿起這本書是因為你才剛獲得升遷，成為新手主管，恭喜你！你現在是你每個直接部屬的晚餐話題。你會是你的同事向另一半和子女發牢 的箭靶。你現在要為你的直接部屬的職涯負責。你現在是「老大」。當你還是個人貢獻者時，你知道你的主管是怎麼做的嗎？你覺得他們的主管職當得輕鬆嗎？

　　你可能像過去的我一樣，等不及獲得升遷、當上主管。可惜你得等到做了主管，才能真的理解管理的大小事。

　　珍妮佛站在那裡，等著我的回應。我很快就體認

到，領導團隊要做的事，遠遠超過我之前所想。那一刻，我領悟到：我並不清楚主管真正要做的是什麼。

第一次升遷

銷售單位是我的專業成長的地方。在我結束運動場上的美式足球生涯之後，電話銷售是我第一份「正經」的工作，我滿腦子想的就是如何成為贏家。對我來說，勝利不只是持續達成我自己的業績目標，我還要在業績排行榜上名列前茅。

在締造了幾年的輝煌佳績之後，我在個人貢獻者的成就，為我贏得領導職務的甄選機會。以我在一級大學校隊和職業球隊擔任四分衛時培養的領導能力，我確信我已經做好準備。然後，發生了珍妮佛和我的對話事件；我明白，如果我想要避免成為驗證「彼得原理」（Peter Principle）有幾分真實性的最新例證，就必須學習一種全新的運作方式。

「彼得原理」是勞倫斯・彼得（Laurence J. Peter）提出的管理學觀念，他觀察到，身處層級組織的人往往會晉升到「不適任」的層級。[1]員工因為他們在前一項職務上的成就獲得升遷，一直往上爬到無法勝任的層級——因為他們在某一項職務上的能力，不見得能夠轉移到另一項職務上。雖然員工在某個領域可能績效優異，妥善管理他人執行工作職責所需要的能力卻截然不同——這時倚賴的是領導能力，勝於個人表現能力。換句話說，

你在之前的職位是高績效工作者，不保證你具備成為高效能主管所需要的能力。但是，高績效工作者有更大的機會得到拔擢，進入管理階層——有那麼點「第22條軍規」的兩難意味，不是嗎？

卓越績效與領導力，一向是我感興趣的主題。運動員出身的我，人生大半的奠定期都投入於學習如何在團隊環境下與人合作。我曾經待過贏家團隊，也待過輸家團隊，兩種經驗都讓我學到保持卓越所需要的技巧和心理素質。雖然有這些經驗在身，當我第一次當上主管時，還是很難知道究竟要如何把這些都付諸實踐。

我的經歷並不是特例。第一次當主管的人，沒有幾個真的知道該如何有效領導、贏得團隊的信任和尊重、培養能夠創造高績效的文化，或是精通能夠打動別人的溝通技巧。

升遷是件開心的事，只可惜一般組織對於如何培訓新手主管都做得太少。沒有一本手冊可以指導你如何從為自己的成功負責，轉變成為許多人的成功負責。因此，你的第一次升遷，從團隊成員變成團隊領導者，會是所有升遷最辛苦的一次。你可能找不到什麼實用指南可以幫助你做好準備，迎接你必須為團隊扮演的種種意外角色。面對先前還是同事的人，現在你要成為他們的好教練，卻沒有太多準則能夠告訴你如何拿捏人際互動的巧妙眉角，我希望這本書能夠多少幫上一點忙。

成為學習型領導者

我相信每個人都有領導能力，這只是學習問題。

因為抱持這個信念，我才會攻讀企管碩士，希望能幫助我在主管職位上有所提升。雖然我很高興我取得企管碩士，但是這段經歷並不全然讓我樂在其中。課程太過侷限，未能涵蓋我必須深入理解的主題，我想要直接向那些最讓我折服的人學習。

事情就是那麼巧：2014年時，在一趟前往加州太浩湖（Lake Tahoe）的班機上，劃位系統因緣際會為我安排了這樣一場會面。當我在靠近出口的位子坐下、伸展雙腿時，我發現坐在我旁邊的人是陶德‧華格納（Todd Wagner）的友人。華格納是Broadcast.com的創辦人，最後把這家公司以數十億美元賣給雅虎（Yahoo!），而和他一起創下這番事業的夥伴正是我眼前的這位人物：日後的投資「鯊魚」、NBA達拉斯獨行俠（Dallas Mavericks）的老闆馬克‧庫班（Mark Cuban）。

在這班飛機的西向航程裡，我告訴我的新朋友關於我心中渴望的種種──我想要學習更多，我想要網羅有卓越領導資歷的人，打造我自己的導師陣容。飛機著陸時，他同意幫我牽線，為我引見陶德團隊裡的人。不久後，我和陶德見面，共進晚餐。

陶德大約提早一個小時抵達我們共進晚餐的飯店，我有幸能和這位白手起家的億萬富翁在吧檯共度這段時光。

　　陶德既有愛心又有智慧，他的才智和他謙遜的本性，都讓我深為嘆服。我問了他一堆問題，我想要了解有關 Broadcast.com 的來龍去脈和一切種種。我迫不及待想聽他們是怎麼直視雅虎的領導者說：「聽好了，你們要嘛買下我們，不然就得和我們競爭，自己決定。」最後，會議結束時，陶德和馬克以 57 億美元成交走人。

　　這是一段不可思議的經歷，但是我有個遺憾，真希望當時我錄下那場對話，我想要把我學到的傳給別人。那頓晚餐讓我嚐到直探知識源頭的滋味，讓我了解到如此渴望獲得知識的我，能夠得到什麼樣的收穫。我開始思考如何得到更多像那樣的對話，以及如何與他人分享對話。在一連串事件的匯聚之下，我決定開一個訪談型播客節目，做為我自己的虛擬博士課程，我把節目命名為《學習型領導者》（ *The Learning Leader Show* ）。藉此，我不但有個理由可以讓有影響力的領導者坐下來和我對話，也能分享對話內容，在他人的領導力旅程裡成為一股助力。

　　這也是我寫這本書的原因。我理解你的痛點和難處，我也是過來人，我在第一次當主管的那段歲月裡犯了無數的錯。我在本書彙集我從自身經驗和研究所學到的課題，以及我從與全球三百多個頂尖領導心智所做的訪談中獲得的收穫，與你們分享這一切。我從自己與他人那些手忙腳亂的經驗，萃取出得之不易的智慧，為的是讓你更容易、更快速成為卓越的領導者。

　　這本書是為你們而寫的，與你們切身相關。你們當中有很多人，都曾在差勁的老闆手下工作（我也是）。我非常關切卓越的領導力，我知道它極為罕見。我們在人生中遇見的領導者對我們都有深遠的影響力，當你爭取到新的領導者角色時，我希望這本書能夠幫助你運用你的權力為善。我的目標是幫助你加速你的領導力養成教育，讓你更有能力做出重大決策，避免像我第一次當主管時犯下的一些錯。拙劣領導是代價高昂的流行病，本書是我為了根除疫情所付出的努力，希望你對領導力世界長期發展也有淨正向貢獻。

　　本書架構如下：

　　第一部：領導自我。我深信一句格言：「不先領導自己的人，無法領導任何人。」在我們討論如何領導別人之前，先從自己開刀，了解你要如何學習、要學習什麼、要向誰學習，而一生不斷學習又為何如此重要。我們會從內在與外在探索領導自我的挑戰，檢視克服各項障礙的工具和技巧。

　　第二部：打造團隊。在你構思你的高效能團隊名冊之前，你必須先了解高效能團隊的構成條件為何，這表示你對如何建構健康的團隊文化必須有些概念，這正是第二部的起點。等到你對文化有所理解，我們要進而探討透過雇用（與解雇）強化團隊的竅門，以及如何培養信任與贏得尊重。

　　第三部：領導團隊。最後，我們要討論如何成功實

踐主管真正的實務工作：為你的團隊擘畫清楚的策略和願景、如何有效溝通，最終實踐所有人指望你們團隊實現的成果。

你在本書會找到實用的心智模式、範本、重點、洞見和建議，來自全球思想最為前瞻的一些領導者。本書透過個案探討、研究、個人故事和我訪談的許多領導者的訊息，在每位新手領導者跨出個人職涯重要一步時，提供適切指引。

這是一本我希望自己第一次升上管理職就能看到的書，我希望它能幫助你從個人貢獻者順利躍升為管理者，過程中更輕鬆、更優雅、更有勇氣、更有成效。

第一部

領導自我

威斯康辛州綠灣（Green Bay）八月天的午後濕熱得驚人。每一年，在這些窒悶黏膩的日子裡，都有數千人有志一同，圍著一圈圍籬觀看他們熱愛的包裝工（Packers）美式足球隊為接下來的賽季做準備。圍籬內，球員和教練團專心進行訓練營的各項活動。

我弟弟AJ為包裝工效力九個賽季，每年AJ待在綠灣的日子，我家老爸都會在他生日那週到場觀看這些八月訓練營的練習。大部分的球迷都會努力早早抵達雷·尼奇克球場（Ray Nitschke Field）占個好位子，觀賞全隊在練習快要結束時精采的攻防。

但我家老爸早到不是為了這個，別有原因。令他著迷的是下午訓練時間一開始的那45分鐘，也就是所謂的「初排」。在每次練習之初，這些體格高大、動作迅速、異常健壯的世界級運動員，會花45分鐘演練他們的技巧和基本功。每一天，他們都專注在最小的細節，每個人都逐一演練。為什麼？因為他們必須先確認每個人對這些都已經滾瓜爛熟，才能算是為整個團隊的練習做好準備。不管是誰，沒有一個球員能夠豁免這項預備工作。

AJ曾經兩次打進全美賽，贏得倫巴迪獎（Lombardi Award），大學時是全美頂尖的線衛，也是包裝工第一輪選秀就錄取的球員（總排名第五）。可是，八月的每一天，在每次練習的一開始，他還是要演練他負責的位置技術上最小的細節，和落選的菜鳥球員沒兩樣，也和阿隆·羅傑斯（Aaron Rodgers）沒兩樣——同樣是包裝工

第一輪選秀正取球員，曾經兩次榮獲NFL最有價值球員獎，也是史上最傑出的四分衛之一。

對AJ來說，這些看似沉悶單調的練習，蘊藏著無上的價值。他說：「重點在於每天在微小細節上不斷努力，把它們化為本能。到了上場時刻，你不必思考，只要仰賴你建立的本能就好。」每年八月的那一週，我爸都會在那裡，頂著威斯康辛的驕陽，站在圍籬旁享受那沉悶的每一分鐘。

我在進入本書正文前分享這個故事，是因為關於領導力和績效，這個故事點出了我打從心底相信的一項根本原則：**想要長期成功領導任何人，你必須先領導自己**。這就是為何在開始討論如何承擔你身為領導者的新責任之前，我們必須先從把焦點放在你身上開始。

如果你像我一樣，在第一次升上管理職時，可能會忍不住想要完全跳過這個部分，直接跳到第二部和第三部。你可能對自己說：「領導自己？改天我再回來看這個部分，現在我需要知道如何掌握新職務！」這點當然可以理解，但是這種想法既短視近利，也很容易錯過核心重點。

學習領導他人的適切起點，就是先聚焦於優秀的自我領導，根本原因有二：

1.) 培養能力。具備得到管理新職的必要資格，和具備做好領導他人的工作所需要的能力，是兩回事。你就要開始探索你在身為員工時認為顯然黑白分明，但現在

身為主管卻置身灰階世界的議題。你在稱職扮演先前的角色時，那些讓你成為頂尖個人表現者的能力，完全迥異於你要履行新職責所需要的能力——幫助別人成為卓越的個人表現者。為了培養、精進這些技能，並且讓這些技能常保巔峰狀態、切合實用，你必須養成自動自發學習的思維、心態、行為和習慣。

2.) 贏得信譽。 在你當上團隊主管時，不要預期團隊對你的尊重、接納和關注，會隨著你的新位置和頭銜而來。要別人照規矩來可以靠命令，但是要別人盡忠職守、全力投入，這是命令不來的。人們只會對自己認為可以相信的領導者投注毫無保留的情感承諾，而信譽是要靠努力爭取的。無論是內勤或外勤領域，要爭取到能夠贏得別人全力以赴所需要的信譽，最好的方法就是以身作則，展現你期望團隊表現的行為。

接下來，我們就來探討前兩章，聚焦於你必須負責好好領導的一號重要人物：你自己。

1

領導自我的內在修練

要影響他人，必先願意接受他人影響。
——吉姆・特雷梭（Jim Tressel），
楊斯鎮州立大學校長（《學習型領導者》第62集）

起點：自覺

我的播客節目《學習型領導者》（www.LearningLeader. com）的聽眾都知道，與我對話的每位領導者，可能都會被問到類似這樣的問題：**能夠長時間保持卓越的人，有什麼共同點？**

在聽過數百個來自全球最有成就的人的答案之後，我發現這些答案有個共同點，幾乎每個人都提到當你攬鏡自照時在鏡子裡與你對看的那個人。**一流領導者都知道，領導自己是成功領導他人的第一步。**

領導自我的起點，必然是嚴格審視自己的心靈和心智。領導力真正的功課，始於自己的大腦。

> 要改變世界，必先改變自己。
> ——蘇格拉底，古希臘哲學家

但是，你要怎麼做？「成功的內在自我領導」是什

麼意思？在你著手改善某事物之前，你首先必須盤點關
於該事物現況的相關事實。如果你要改善的是你的財務
狀況，表示你要從衡量、追蹤金錢去向這個基本步驟開
始。拉米特·塞提（Ramit Sethi）所寫的《從0開始打
造財務自由的致富系統》（*I Will Teach You to Be Rich*）一
書，就是在討論這個主題。如果你面對的是戰爭，那麼
你就要先了解地貌、敵人的戰力，以及你自己的戰力。
中國軍事家孫子有一本關於戰爭的專著，叫做《孫子兵
法》。現在，你的目標是領導自我，那麼你就要著手研
究你自己，而這件事涉及到自覺。沒錯，這個主題也
有專家寫了一本書，她的名字是塔莎·歐里希（Tasha
Eurich），書名是《深度洞察力》（*Insight*）。

　　根據歐里希的觀點，自覺不只是從我們的單一觀點
理解自己。相反地，自覺包含兩個不同但互有關連的面
向，就像一枚硬幣的兩面。在《哈佛商業評論》最近一
篇文章裡，她描繪了自覺的兩大類型：

> 自覺不是單一真相，它是兩個不同、甚至互斥的
> 觀點之間的巧妙平衡……。第一個觀點，我們稱
> 為「內在自覺」，指的是我們如何看待自己的價
> 值、熱情、抱負、對環境的適性、反應（包括思
> 想、感覺、行為、優勢和弱點），以及對他人的影
> 響……。第二個觀點是「外在自覺」，意指理解別
> 人在前述各項要素對我們的看法。[1]

　　我與歐里希做新書訪談時，她分享了她從研究中獲

得的一項發現，特別吸引我的注意。在涵蓋將近五千名參與者的十項研究中，歐里希的團隊發現，「95％的人自認為具有自覺，但是真正具備自覺的只有10％到15％。所以，我總是開玩笑說，若問我們有沒有在欺騙自己，起碼有八成的人都在欺騙自己。」[2]請再咀嚼一下這句話，因為我們培養自覺的最大障礙，就是誤信自己已經培養了自覺！

　　若不想被虛假的自覺所矇騙，歐里希建議，我們要養成經常質疑自身預設立場的習慣。「我在研究那些真正大幅提升並轉化自覺層次的人時得知，他們每天都會做這樣的修練……。重點在於蒐集每天的洞察，集合起來，日積月累就會看到進步。」[3]

　　作家傑夫・柯文（Geoff Colvin）對此表示認同：「一流的表現者會密切觀察自己。事實上，他們能夠跳脫自我，追蹤自己內在的情況，自問狀態如何。研究人員稱此為『後設認知』（metacognition），即知自身之所知，思自身之所思。頂尖的表現者對這一點的實踐，遠比別人更全面，這是他們固有的日常習慣。」[4]

　　我在此做個類比，解釋自覺在成功所扮演的基礎角色。當我想到自覺的二元性，以及培養自覺需要不間斷的觀察，我就忍不住把它和每個四分衛在任何層級的美式足球賽裡締造成功所必備的心理素質畫上等號：口袋意識（pocket awareness）。

　　如果你對這個術語不熟悉，「口袋意識」指的是四

分衛在防守球員朝他包圍時，目光焦點緊盯著前場，尋找有空檔的接球員，把球傳給對方，但對於近身周遭的情況仍然保持敏銳察知。就像自覺，口袋意識是多面向的感知能力，包括觀察、追蹤、理解、調整。四分衛必須密切關注口袋區的動靜，不斷意識到：

- 在周邊隊形變化之際，自己需要採取的策略；
- 在攻守雙方球員築成的人牆之間，找到傳球通道的應變能力；
- 如何有效應對那些極盡凶狠、窮盡力道，但又不犯規快速衝撞過來的防守線鋒、擒抱的線衛，或是突擊的防守後衛。

在四分衛的心智追蹤口袋區內發生什麼事的同時，他還要關注口袋區之外有什麼事正在發生。四分衛無法一直用眼睛去看口袋區裡橫衝直撞的狀況，因為他的眼光必須緊盯著前場，觀察其他防守球員如何隨著賽局展開而反應。他心裡必須有一張圖，不必真正看到接球員的位置，也能標出接球員會在哪裡。他心裡還要有一個滴答響的時鐘，計算他們何時會跑到那個定位。如果四分衛忘記這張圖，直接看向他想要傳球過去的接球員，防守球員就會跟著他的目光到可以攔截的位置上。

如果防守方成功擊潰口袋區，四分衛就要被迫出逃，這時他的感知就必須考慮新的變項，可能是他應該嘗試跑線，把球帶到前場，也可能純粹是爭取時間，找到一個地點傳球。如果四分衛選擇傳球，就必須分出一

部分心思，盤算攻防線位置的模型，而且要能夠感覺得到，必須在通過攻防線之前的哪個時刻把球傳出去。

先不提這整個程序通常發生在三秒鐘或更短暫的一剎那之間，也不提每場比賽都涉及非常真實的身體危害，只要想想下列這個事實：只要四分衛對其中任何一個變項不再有基於現實、誠實的覺察，這一局就會落敗。當落敗開始累積，當搞砸的局數超過成功的局數，四分衛就會率領他的團隊走向失敗。這很嚴酷，卻很真實。

當你扮演團隊領導者、掌握個人自覺時，也是如此。如果你對於自己是誰，包括你的優勢和弱點，沒有清楚的內在理解，如果你對於別人怎麼看你沒有真實的外在理解，那麼你想要讓團隊達成的事項也會失敗。你可能錯失更能夠發揮優勢的好方法，或者你會因為隱藏在你個人盲點裡的某個性格缺陷，而不斷搬演打擊士氣的劇本。即使你的能力一流，如果你沒有真正理解其他人對你的觀感，你為了激發團隊力量所傳達的訊息、所做的努力，都可能一敗塗地。簡單地說，領導者如果對自覺的兩面缺乏清晰的感知，就等著領導失敗找上門。

老實告訴各位，我並非一直都是那種合格的領導者。在我成長的路上，我對於以這種方式了解自己並不感興趣。我一直都很認真努力，達到我的教練要求我做的事，達到我的巔峰狀態，但我不曾養成向他人尋求反饋的習慣。

這點當然會隨著時間改變。我的經驗隨著我的成長

而累積，從領導隊友上場比賽，變成領導員工團隊實踐公司交付我們的績效目標。我的生活經驗愈多，我從閱讀（以及從偉大導師那裡）學到的愈多，就愈能體認到自己的所知多麼有限。這個洞察就像是一顆種子，在我的內心種出一棵自覺之樹。我之所以分享這個故事，是因為我想告訴你：**自覺不是天生有或沒有、一翻兩瞪眼的事。自覺可以靠追求、培養而增長，如果我可以做到，你也可以。**

自覺會隨著時間和練習而累積。一個很好的起點就是利用自我評量，還有借助於教練，幫助你在更深的層次上了解自己。自我評量測驗非常具有價值，讓你有機會從不同角度看自己。有些優質評量還可以幫助你評估人格類型，包括霍根性格量表（Hogan Personality Inventory, HPI）、[5]HEXACO六型人格評量（Hexaco Personality Inventory），[6]或是蓋洛普（Gallup）與湯姆・雷斯（Tom Rath）的「優勢識別器2.0」（StrengthsFinder 2.0）。[7]

當然，這些測驗的益處有限，它們是依據一些假設把人進行分類，但事實上，個人行為通常是落在一個連續光譜的某處，行為也會隨著思維和環境而變動。[8]你在某一天的測試結果或許是某個類型，但是改天再做一次，卻發現結果是另一個類型，原因是你的環境改變了。就像其他關於培養和維持自覺的任何事物，性格分類也沒有所謂的「唯一正解」，只是漫長探索過程的一個資料點。

保持好奇心

好奇心指的是對學習的胃口,以及對理解的渴望。喬治梅森大學(George Mason University)的陶德・卡施丹(Todd Kashdan)與北卡羅來納大學格林斯伯勒分校(University of North Carolina at Greensboro)的保羅・西維亞(Paul Silvia)兩位研究人員,把好奇心定義為「探索新奇、具挑戰性與不確定事件的體認、追求和強烈欲望。」[9]好奇的人「能夠充分感知並接納當下存在以及可能發生的事物」,而且有動機「以新的方式行動和思考,並且探究、沉浸於、試圖了解當下任何引起他們注意的有趣標的。」[10]

好奇心不只是愛探究的天性,研究顯示,好奇心可以擴大一個人天生的智識能力,而且是表現在諸如IQ等量化評量的提升上。加州州立大學有一項長達三十年的天賦發展研究,名為「富勒頓縱貫研究」(Fullerton Longitudinal Study),研究人員自研究中發現:

天生好奇本身就是一種天賦。天生好奇的學生,在各種教育成果上表現超越同儕,包括數學、閱讀、SAT分數和大學成績。根據教師的評等,天生動機強的學生,不但更用功,也學得更多。[11]

人們在看待世界時,是否真正具備智識好奇心的差異非常大,這項差異可以用一個詞彙總結:成長。好奇心就是成長力,好奇的人是會成長的人。當你展開轉型

之旅，從為你自己的表現負責，轉變成要為他人的表現負責時，你就必須以各種方式成長。想要學習與成長突飛猛進，培養好奇心是我所知的最佳方法。

　　你可以把好奇心想成是一種高辛烷燃料。燃料要發揮燃燒效能，你需要一部引擎，把燃料倒進去，讓引擎把燃料的力量轉化為動能。你需要在內心打造這樣一部機器。

打造你的學習機器

　　能夠長時間保持卓越的人，有何共同點？答案之一就是：把自己打造成一部學習機器。

　　成為「學習機器」這個概念，因為查理·蒙格（Charlie Munger）這位波克夏·海瑟威（Berkshire Hathaway）控股公司背後的重要人物而變得流行。2007年，他在南加州大學古爾德法學院（Gould School of Law）的畢業演說裡，對畢業生闡述華倫·巴菲特（Warren Buffett）和波克夏·海瑟威的成功祕密：

> 以波克夏·海瑟威為例，它當然是全世界備受推崇的企業，也可能是整個文明史上最佳長期投資紀錄的保持者。然而，走過一個十年所憑藉的技能，不足以達致另一個十年的成就。如果巴菲特不是一部學習機器，而且是一部不斷學習的機器，絕對不可能寫下這樣的紀錄。
>
> 　　在基層的各行各業也是一樣。我不斷看到，在

人生中更上層樓的人，通常不是最聰明的、有時甚至不是最勤奮的人，但他們都是學習機器。他們在每天入睡之前，都比當天起床之時更多一分智慧。當你眼前是一場長跑，那會特別有幫助。[12]

我喜歡「學習機器」這個說法，因為一次扣住兩個重要概念：慎思和刻意。如果有人反問我前述那個問題，這兩個概念就是我的答案。綜觀我與各類型高績效領導者的對話，這是我看到他們追求並不斷保持卓越時的共同點。他們會審慎思考採用的方法，而且對於要做的事特別刻意努力。

這些領導者面對經驗時（無論是成功或不成功的），都有一套現成程序反省、思考、分析事件，（最重要的是）從經驗中成長。他們對於所做的事、做這件事的原因和方法，以及和誰一起做，會特別留意。慎思和刻意，是成功領導內燃機的雙活塞，當我聽到蒙格談到成為「學習機器」時，這就是浮現在我腦海裡的圖像。

學習困難的事物，是主動的思考練習，不只是把資訊下載到大腦的過程。當我們遇到新的想法、觀點或經驗時，我們在思索這些新事物的本質、成因、應對或運用方法時，就是學習的過程。當你閱讀一本書，你會做筆記，分析你學到的東西嗎？當你與同事互動，你會思考你們的互動為什麼順利，怎麼做才能讓互動更好嗎？

被動學習雖然可行，卻不是最理想的學習方式。被動學習者的學習潛能有非常低的天花板，那些在學習上

有目標、有焦點、真正付出努力的人，表現遠遠優異得多。**如果慎思是學習訣竅，刻意就是學習動力。**

　　成為「學習機器」的人，懷抱精益求精的目標，總是刻意尋找新資訊。機器不是有機物，不會自動生成，要靠打造而成。在當今這個數位時代，機器愈來愈需要程式化，這點也適用於要成為學習機器的人。

　　就像巴菲特主張的長期投資風格，利息會隨著時間累積，把自己打造成學習機器的利益也有複利效應。你在一份工作、一項任務或一時逆境裡具備哪些能力或有哪些不足，都不重要。**你的終點不是由你的起點決定的，因為一個處於不斷學習模式的人，會在整個過程中持續進化。**

　　美國內戰時期就有一個很好的例子，華頓商學院管理學教授麥克・尤辛（Michael Useem）的《大決策》（*The Leadership Moment*）一書，講述到約書亞・勞倫斯・張伯倫（Joshua Lawrence Chamberlain）的故事。張伯倫是來自緬因州的大學教授，沒有受過軍事訓練，自願加入北方聯邦軍。[13]據說他在參軍時曾告訴緬因州長：「我對軍事一向很有興趣，這方面我不知道的，我可以學。我告訴你，我會去研究我能找到的每一項軍事內容。」[14]

　　戰火燒到賓州蓋茨堡時，當時已經官拜上校的張伯倫，負責指揮緬因州第20志願步兵團。在最慘烈的一次戰役裡，張伯倫做了一項戰術決策，公認是拯救喬治・

米德（George Meade）少將的波多馬克軍團的功臣，扭轉局勢，把南方聯軍送上潰敗之路。張伯倫的軍團要保衛現在稱為小圓頂（Little Round Top）這個小山丘，但在遭遇攻擊時卻發現軍火已罄。他沒有決定撤退，也沒有棄守北方聯邦軍的左翼，而是迅速做出決斷，這是領導史上最著名的一場反攻戰。他要求緬因20軍團的同袍，把原本因為沒有彈藥而無用武之地的槍枝裝上刺刀，下坡進攻南方聯軍阿拉巴馬州第15步兵團，逮捕許多叛兵，其他敵軍也潰散撤退。

張伯倫雖然沒有受過正式的軍事訓練，他的迅速決斷是終身奉行主動學習的成果。在戰爭爆發並決定從軍之前，他讀遍他所能找到關於軍事策略的每一本書，特別是鑽研拿破崙的著作。加入軍隊之際，張伯倫要求成為西點軍校出身的艾德伯特・艾姆斯（Adelbert Ames）的營友。[15]後來張伯倫說：「每天晚上，我都拜託他告訴我他知道的東西，好讓我可以學習。」

喬・納瓦羅（Joe Navarro）是另一個很好的例子。當共產黨革命人上掌控古巴，年幼的喬跟著家人以難民身分逃到美國。這家人在邁阿密安頓下來，展開意外的移民新人生，當時喬連一句英語都不會說。透過刻意的觀察和專注力，喬學會解讀說英語的大人的肢體語言。即使在學會新家鄉的語言之後，他還是不斷研究非語言溝通的訊息。

1970年代時，關於肢體語言，還沒有太多著作可以讀，可能是有一、兩本。大學甚至沒有開設這種課程，但是我樂在其中、精益求精，因為我對這門學問很著迷。當你從一個國家到另一個國家，你會經歷非常類似的行為。我開始拜讀大師的著作——達爾文曾經著述討論肢體語言，把它和動物行為類比，還有愛德華‧霍爾（Edward Hall）與其他人的著作。這不是我在大學的主修，當時大學還沒有這種科系，但這絕對是我樂於自修的領域，這是我潛心修習的主題。[16]

由於這種慎思、刻意的學習方法（一開始出於必要，後來出於興趣），喬錄取了聯邦調查局的工作。在二十五年的FBI職涯裡，他把他的知識應用於工作，緝捕罪犯和間諜。他現在是國際暢銷書作家，是全球公認頂尖的非語言溝通和肢體語言評估專家。

這就是把自己打造成一部學習機器所產生的力量。

學習週期：不斷強化自我的四步驟

在成功打造出任何機器之前，當然必須先設計機器。在建物與橋梁灌漿之前，必須先有設計藍圖；在金屬做成汽車板金之前，必須先有電腦輔助設計藍圖；在執行計畫之前，必須先有計畫。把自己打造成學習機器，也是一樣。

由於我深信學習的價值，我花了不少時間思考怎樣的學習方式對我最好。我發現，當學習屬於連續進程的

一部分，對我最為有效。當我釐清整個進程的輪廓，就把它寫下來，如下列圖示。這是我的學習架構，如果沒有這個架構，我就會落入教育專家和課堂教師傑基·葛斯坦（Jackie Gerstein）所說的：「把學習交給機遇。」[17]

重要的不是你知道什麼，是你學得有多快，
因為你的所知將會成為後視鏡裡的風景。我認為，
我們現在需要的紀律，就是這個快速週期學習。
——麗茲·魏斯曼（Liz Wiseman），《乘法領導人》
（Multipliers）、《菜鳥學聰明》（Rookie Smarts）作者，
聰明人事業集團（The Wiseman Group）執行長
（《學習型領導者》第 160 集）

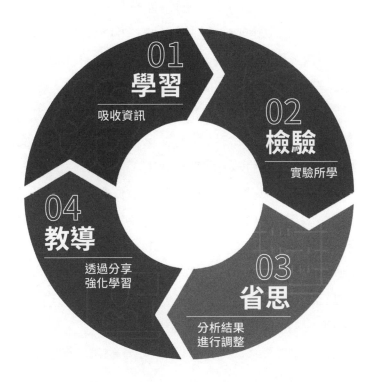

01 學習
吸收資訊

02 檢驗
實驗所學

03 省思
分析結果
進行調整

04 教導
透過分享
強化學習

接下來，讓我們仔細看看這個週期裡的四個步驟。

步驟 1 學習

任何學習週期都從吸收資訊開始，這表示你要積極主動地向你信任的人，以及那些已經臻至你想要達到境界的人尋求資訊。可靠的專業知識和經驗的智慧無可替代，我會積極向三種人學習：導師、虛擬導師，以及教練。

導師

導師（mentor）是已經做到我想要做的事，或是得到我想要得到地位的人。導師通常能夠檢視你現在所處職涯的位置，針對如何前進提供具體指引。有些導師就在你的生活裡，像是你的雙親，有些則必須靠你主動外求。

最好的導師是那些你能夠建立真誠關係的人，這點之所以重要，是因為導師所扮演的角色，最重要的就是成為直接、誠實反饋的來源，以幫助你持續進步。反觀公司的管理制度所設置的導師計畫，導師導生的配對關係，是由主管或人資部門所主導，不見得會有真誠付出的互動。要受益於導師這個角色的深度價值，你必須知道對方值得信任，而且是真的關心你和你的進步。這點從導師的角度來看也一樣，只有身處於真誠無偽的關係，導師才會投入情感，為導生用心考慮，並且冒險透露那些導生可能不想聽、但必須聽的事。

《紐約時報》、《華爾街日報》暢銷書《徹底坦率》

（*Radical Candor*）作者金・馬隆・史考特（Kim Malone Scott）指出，導師或主管之所以能夠向導生或員工傳達令人難堪的反饋，必要的前提條件就是他們真心關懷那些要承受真相的對方。史考特在谷歌領導 AdSense 業務時，她的直屬上司是雪柔・桑德伯格（Sheryl Sandberg）。有一次，史考特在向當時的執行長艾瑞克・施密特（Eric Schmidt）與創辦人賽吉・布林（Sergey Brin）簡報過業務狀況後，信心衝到滿點。他們肯定她的團隊的工作成果，問她一些任何在她的職位上都會想要聽到的問題：「妳需要什麼？更多工程資源？更多行銷預算？」

但是，在離開會議現場時，桑德伯格問史考特：「妳要不要陪我一起走回我的辦公室？」就像任何被老闆問過這個問題的人一樣，史考特的思緒立刻高速運轉：「喔喔，不妙！我好像搞砸了。我不知道是什麼，但是我很確定，等一下就會聽到壞消息。」桑德伯格開始一一誇獎史考特在會議上的傑出表現，然後話鋒一轉，說明她提出會後會的原因。

「妳在會議中經常說『嗯⋯⋯』，妳知道嗎？」

在此引用史考特對我說的話，她「大大鬆了一口氣。如果那是我在會議裡唯一犯的錯，那真的沒什麼關係。我鬆了一口氣，擺了個無所謂的手勢，然後說：『對，我知道。我會不自覺這樣，但是真的沒什麼大不了。』」

桑德伯格並未就此作罷，繼續說：「我認識一位非

常厲害的演說教練。妳想要我幫妳介紹嗎？」

史考特又擺出一副無所謂的樣子。「不用，我很忙。妳沒聽說那些新顧客的事嗎？」

桑德伯格停了下來，直視史考特的眼睛，傳達出那種只有在充滿關懷的關係裡才能安全傳達的訊息：「當妳每講三個字，就出現一個『嗯……』時，會讓妳聽起來很蠢。」

史考特告訴我：

這時，我開始全神貫注聽她怎麼說。有些人會說，雪柔說我聽起來很蠢，這樣說很刻薄，但是在我職涯的那個階段，這是她所能做到對我最好的事。她不會對她團隊裡其他任何人講那種話，因為在解讀別人的話這件事情上，其他人都比我敏銳，而且他們也沒有我那麼固執。但是她知道，她就是必須把話說到那個份上，我才會聽進去，才能說服我去找演說教練。後來，我去找那位教練，親眼看到我自己演說的樣子，那真是痛苦的經歷。我學到一件重要的事，雪柔並沒有誇大，我真的是三個字不離「嗯……」，而我之前都不知道。我整個職涯都在做報告，我靠著做簡報募集了三千五百萬美元，我以為我很會演說。

這讓我開始思考，為什麼之前都不曾有人告訴我？這就好像我在職涯裡一路走來，拉鍊一直是開的，卻沒有人本著人情世故告訴我。那麼，為什麼沒有人告訴我？為什麼雪柔可以這樣看似輕鬆脫口而出？……個人關懷：我知道雪柔從人的角度關心我……。因為她把我的成長放在心上，我哪裡表現

不好時，她會直言不諱，她願意直接挑戰我。[18]

私募投資公司adventur.es的執行長布倫特·貝修爾（Brent Beshore）說，你尋求指導和指引的對象必須具備一個重要條件，那就是他們必須是 真心為你加油」的人。他在訪談裡告訴我：「我努力讓我身邊都是會告訴我實話的人，即使在我不想聽真話時，他們也會直言不諱……。不管任何時候，批評都應該具建設性，都應該有愛、敦厚而溫柔。」[19]最後一點非常重要，如果給你建言的人，不是真心為你的成功加油，那麼他們的指引就會別有用心，那樣的人對你沒有幫助。

除了找一個真心關懷你的人，你還可以找那些能夠幫助你思考如何解決問題、會問你問題，並且幫助你找出解決辦法的人當導師。你向他們尋求建議時，這類導師通常會說：「我沒有足夠資訊可以回答，但是關於解決這些問題，我現在想得到的是……。」

就像任何關係一樣，價值的交換應該是互相的，要有來有往。無論你怎麼想，如果一方一直給予，另一方一直接受，就不能稱為「關係」。這點可能會讓人困惑，我經常收到資歷較淺的年輕人寫電子郵件問我：「我要如何對我的導師貢獻價值？我沒有什麼可以給的。」可以，你絕對可以！每個人都能有所貢獻，下列就是一個簡單的方式，讓你每次與導師會面後都能有所貢獻，產生實質價值。

在每次與你的導師見面之後,謝謝他們,並寫一份詳細的總結報告,敘述你學到的所有事項,以及你要如何將所學落實於生活。然後,建議你的導師把你的電郵轉寄給其他導生,這麼做對於導師的幫助在於:

1. 它顯示你是個好的傾聽者。
2. 它顯示你的勤奮,你會做筆記,而且你在乎。
3. 它顯示你會思考如何以獨特的方式幫助別人。
4. 它能為其他人的生活增添價值。

優秀的導師通常不會花時間記錄他們在特定主題上的思考,你可以為他們做這件事。這能讓你有別於其他99％的人,你的導師會因此心生感謝。

關於導師的最後一個要點就是,需要導師的人,絕對不是只有資歷較淺的年輕人。我很幸運,最近有機會與傳奇籃球人物喬治·拉弗林(George Raveling)面對面訪談,並且記錄我們的對話。喬治已經是個成就非凡的人,當他告訴我,81歲的他還是不斷尋找導師,我大吃一驚。喬治在讀過萊恩·霍利得(Ryan Holiday)的《障礙就是道路》(*The Obstacle Is the Way*)一書後,在一個偶然的機會裡,透過一個共同朋友的牽線,與萊恩會面。關於他與萊恩的往來,喬治告訴我:

> 我在過去十年所認識的人當中,沒有人比他對我的人生影響更大,無論是他介紹我認識的人、他教我的事物,他是我能夠成功改變心態的部分原因。人活到81歲,會需要四、五個年輕的導師。生活裡

的年輕人可以幫助你理解，為你領航二十一世紀。
你必須有四、五個可以教導你、讓你信任的年輕導
師。你必須願意虛心接納他們的思考方式。我有
四、五個導師，他們的年紀可以當我兒子，但他們
都是我的老師。他們是我的導師，我會聽他們的。
我會問他們問題，例如：「你會怎麼處理這件事？」
我需要年輕人的觀點。我想對這個世界上的現代老
人說，如果你想要加速成長，你得找四個年輕小伙
子，拜他們為導師。[20]

虛擬導師

虛擬導師（virtual mentor）是你從未見過，但是從
遠方教導你的那些人。書是向全世界的專家求教的最
佳方法之一，只要投資幾張小額鈔票，就能獲得藏在
地表最聰慧心智的珍貴祕密，CP值是不是很高？我可
以藉由閱讀《沉思錄》（*Meditations*），洞悉羅馬哲學
家皇帝奧理略（Marcus Aurelius）的心智，幾乎不必付
出任何代價。管理大師與追求卓越的宣揚者湯姆‧畢
德士（Tom Peters）在近著《卓越紅利》（*The Excellence
Dividend*）分享了他所學到的一切，他的人生智慧總共只
花你17美元。我知道菲爾‧奈特（Phil Knight）打造耐
吉（Nike）的幕後故事，因為他花時間在《跑出全世界
的人》（*Shoe Dog*）這本書中記錄了相關故事。葛瑞琴‧
魯賓（Gretchen Rubin）透過她的書《理想生活的起點》
（*The Four Tendencies*），讓我對我的性格有了新見解。

　　查理・蒙格說得漂亮簡練:「在我的一生中,我所認識的那些有智慧的人,沒有一個不是隨時在閱讀的。沒有一個,一個都沒有。」[21]以蒙格的成功,以及他在九十五年人生裡閱人無數,這句話必有幾分真理。

　　你沒有時間讀書?我敢說,你有的時間比你想的還多。拜偉大作家做你的虛擬導師,不需要數個小時的夜讀也能受益得力,**生活和成長全關乎微小進步的累積**(這點後文會談得更多)。從每晚15分鐘開始,刻意把電視關掉,讓你的電腦進入休眠,把手機放在一旁,然後拿起一本書。即使一晚只有15分鐘,如果你能夠每天持續閱讀,你能讀完的偉大作品冊數,絕對會讓你大吃一驚。研究顯示,一天的閱讀時間即使少到只有6分鐘,也能減少高達68%的壓力,功效超過其他放鬆技巧,例如聽音樂(61%)。[22]

　　如果你真的連睡前15分鐘也無法閱讀,就是有聲書和播客派上用場的時候了。無論是白天上下班的通勤時間,或是運動的時候,你還可以空出雙手和雙眼做別的事,讓自己有很多機會聆聽他人的智慧。

　　拜光纖、數據通訊和無所不在的Wi-Fi網路所賜,無論你身在何處,無論你用的是桌上型電腦、筆記型電腦,還是手機,你都可以閱聽虛擬導師的影音。從TED演說和諸如YouTube及 Vimeo等平台上型態類似的影音內容,到臉書和領英(LinkedIn)的用戶內容訂閱,只要點擊幾下,就可以得到當代最優秀、最聰明的講者親

炙。只要二十分鐘，就能了解最尖端的觀念，它們改變了今日生活在地球上的生命。

無論你從哪裡取得資訊，重要的是慎選你所吸收的知識。在閱讀一本書之前，我會仔細看一下推薦者名單，了解他們認為這本書有用的原因。然後，我會研究一下作者——他們做了什麼？如何精通相關主題？我知道如果你想成為一個坦誠的主管，史考特是全球一流的老師，因為她在這項工作有多年經驗，也曾為一些全球才智頂尖的領導者工作。我知道查理·麥克馬翰（Charlie McMahan）了解如何讓信眾從五十人擴張到五千多人，因為他投入二十五年做這件事，而且一路以來都在向他人學習。我知道瑪麗亞·泰勒（Maria Taylor）了解怎麼樣才能在職涯的梯級上快速爬升，因為這就是她現在的表現，而且她身邊圍繞著世界級的導師團。我也知道比爾·柯里（Bill Curry）明白成為冠軍的意義，因為他在文斯·隆巴迪（Vince Lombardi）這位史上頂尖的美式足球教練麾下打球、贏得冠軍，並在長達五十多年的時間裡，吸收許多從頂尖教練和隊友身上學到的課題，教導他人。

教練

身為四分衛，對於教練卓越指導的價值，我有長年親身體驗。有傑出教練的帶領時，我的表現優於給普通教練帶隊時。為什麼大家都以為教練只存在於運動世界

或其他比賽的場域？教練的指導不在於競爭，而是技巧的磨練。無論在什麼領域，如果你的目標是培養一項技能以提升自己，你就需要至少一個通曉那項技能的人，讓他戴上教練的帽子，站在場邊指導你。

我自己有個習慣，那就是尋找可以給我具體反饋的人，請他們憑著專業提出值得吸收的反饋。比方說，講到提升我的演說和寫作技巧，我就有位精心挑選的教練——蘭斯‧薩爾耶斯（Lance Salyers），我信任他會對我有話直說。他在企業界和我成為同事之前是檢察官，他的寫作能力與公眾演說技巧是在法庭磨練出來的。

蘭斯有十多年在法官和陪審團面前辯論的經驗，而他在處理受到高度矚目的複雜案件時，表現曾經獲得獎項肯定。死刑訴訟檢察官協會（Association of Government Attorneys in Capital Litigation, AGACL）頒給蘭斯庭審辯護獎（Trial Advocacy Award），以表揚他起訴一名先謀殺女友（也是他的委託律師）、後謀殺目擊證人的辛辛納提男子時的表現。[23] 調查探索頻道（Investigation Discovery）曾經做過專題，講述蘭斯的另一個複雜案件：一對同為小兒科醫師的雙胞胎兄弟被起訴，指控兩人在數十年間對年輕男性病患性虐待，並利用處方藥物和大量金錢讓受害者封口。[24] 等到蘭斯轉戰企業界，我看到他的法庭經驗如何為他的報告增色，顯得生動而有說服力，在我們的商業環境裡獨具一格。

我分享蘭斯的背景資訊，是為了點出教練人選在整

體上更為重要的一點：如果我想讓我建構訊息的技巧更加犀利，以周嚴的證據和扣人心弦的故事做為輔助，並以生動、有說服力、吸引人全神貫注的方式傳達我的訊息，我知道蘭斯可以同時提出高層次的觀點和基礎的修正，幫助我做到這點。他不是那種傳統的演說教練，但這完全不打緊；重要的是，他不但展現公開演說這個領域的技巧，也證明自己有能力把這些技巧轉化為可以教導別人的洞見，讓我可以理解和應用。

史考特談到關於桑德伯格和導師時所說的，也一樣適用於教練。因為蘭斯和我是前同事、也是朋友，我知道他真心關懷我，以及我做為傳播工作者的發展。這件事的重要性，再怎麼強調也不為過。最好的教練不只傳授專業、提出修正建議，也是你的啦啦隊，真心為你的成功加油。蘭斯提出專業的尖銳評論時，我比較容易接受和應用（儘管傷人），因為我知道他想看到我的極致表現。那就是教練工作的真諦，它的價值無與倫比。

人們經常交替使用「導師」（mentor）與「教練」（coach），兩者雖然都是我們追求知識和技能最高境界所必需請益的對象，但並不相同。

導師是提供指引的人，傾聽你的經驗，提出洞見回應你。導師可以幫助你擘畫未來的道路，而這些計畫可能包括請一位教練，教練的角色就較為明確。

教練的工作是積極培養你的知識和技能，幫助你達到績效。教練會給你出功課，幫助你吸收新資訊。教練

會設計演練和體驗，這些都是有目標的練習，而目標就是培養並提升你的專業技能。教練最重要的功用，或許是觀察你在某個領域的努力之後，提供具體相關的反饋。我們在生活的多個層面都會延請教練，協助我們有目標地為一項技巧或特定領域練習，例如：減重、彈吉他、提升高爾夫球技巧。

導師在高階的策略層面發揮作用，更像指路人，而教練則著眼於技術細節，驅策我們在技能養成計畫裡持續前進。

你往來的人不會個個都是擔任導師或教練的人選，但每次往來都是學習機會。**在每次的對話裡，你都要抱持真誠的好奇心去應對，這樣可以製造微學習的時刻，對你的人生產生長遠的影響。**

步驟 2 檢驗

無論你是親自和導師或教練學習，或是透過書籍或播客向虛擬導師學習，除非你跨出下一步，否則你蒐集到的資訊對你一無所用——你必須採取行動。**只有透過在日常生活中應用觀念的動能，你才能測試你對於所學的理解，驗證那些知識或技能的價值。**套用人力績效教練陶德·赫曼（Todd Herman）對我說的話：「如果你想要坐在書桌前做出完美的計畫，答案絕對不會在那裡等你。你的答案在實作戰場裡，要靠你親自上場、採取行動才能知道。」[25]

　　由於麥爾坎・葛拉威爾（Malcolm Gladwell）的暢銷書《異數》（*Outliers*），一萬個小時法則變成家喻戶曉的觀念。這個觀念指出，要精通一項技能，需要投入大約一萬個小時的時間練習。[26]不過，那其實只是事情的一部分。葛拉威爾的經驗法則大致是根據佛羅里達州立大學心理學教授與康拉迪傑出學者（Conradi Eminent Scholar）安德斯・艾瑞克森（Anders Ericsson）對專家表現的研究。當我與艾瑞克森教授談話時，他清楚表示，葛拉威爾的通俗解讀誤解了科學：

> 不只是親自跳進那個領域，像披頭四在觀眾面前表演了數千小時……。為了進步，你其實必須做一些事，以改變你做某件事的能力。基本上，我們稱為「有目標的練習」。……如果用客觀標準衡量表現，你其實找不到任何科學證據印證，花愈多時間做一件事就能改善表現。[27]

　　換句話說，光是練習並不夠，為了讓練習真正有效，必須搭配有專家參與的反饋機制。艾瑞克森教授勾勒出的「刻意練習」（deliberate practice）流程，包含下列四個步驟：

1. 設定具體的目標。
2. 培養高強的專注力。
3. 要求立即反饋。
4. 經常跨出舒適圈。

　　作家柯文直白寫道:「刻意練習是……高度困難的心智活動,無論是諸如下棋等純智識活動,還是與商業相關的活動,或是吃重的體能活動,像是運動;刻意練習沒有什麼趣味。」[28]

　　刻意練習是一種「深度工作」(deep work),要搭配教練以糾正你的缺點、協助你進步(下一章會詳細檢視「深度工作」這個概念。)你可以把它想成是你在高爾夫練習場上一球接著一球練習時,有位高球職業選手站在你身邊。當然,身為主管,你的角色是給予你所領導的人反饋,但是你自己也需要確保擁有這樣的機制,特別是如果你的組織沒有為你設立這種機制時。在你的生活裡,誰能給你這種誠實、實用的反饋,把常規動作變成刻意練習?

　　在此舉個例子,假設有位導師親自在場看你開會,他告訴你,你和團隊開的那些會議失序無章,沒有明確成果。真的就像你的員工說的,這些會議毫無重點。聽聞此言,你很快就會接受這是你必須改變的事,於是你設定目標:提升開會效率和明確度。

　　你著手籌備達成這項目標要做哪些事,在下次的團隊會議開始之前,你特別撥出時間做研究,閱讀關於不同溝通風格的資訊,為自己和你們的會議研擬清楚的策略。為了落實導師針對你的會議所提出的反饋,把改變行動轉化為刻意練習,你也應該請導師繼續出席會議。藉由這一步,反饋的落實就建構出一個反饋迴圈,讓你

的導師可以從教練的角度評判你的表現，並在會後提出你可以實踐的新建議，讓你的表現更上層樓。

當然，有時你會很難接受你聽到的訊息，特別是如果你不喜歡你的導師或教練給你的反饋或指導時，此時就是「經常跨出舒適圈」的心態上場時。請你務必記得，你的導師和教練是你挑選的，你不是非得和他們打交道不可，但是你之所以挑選他們，正是因為你看中他們的智慧和經驗。每當我得到難以承受的指導時，我會提醒自己，是我選擇要得到這些人的反饋，因為他們做到我想做的事。從這個角度來看，他們的批評是一份禮物。

在我的美式足球生涯裡，我們不只拍下每一場比賽，還會拍下每一場練習。從我14歲開始，這種訓練反饋迴圈就讓我獲益良多。雖然一開始並不好受，但是隨著時間過去，我已經可以自在觀察我的錯誤、聽取教練的反饋，調整我在場上的表現。這就是為什麼我會盡可能找個攝影師在我演說的現場錄影，這樣我就可以和我的演說教練從頭檢視一次影片。投資在由真材實料的專業所驅動的反饋迴圈，讓我的學習速度突飛猛進。同理，你的導師、教練或主管所提出的意見，不只是你學習的憑藉（步驟1），更是你有效落實和檢驗學習不可或缺的部分（步驟2）。

步驟3 省思與調整

> 如果不內觀、看到真正的根源，就難以從經驗學習。
> ──羅伯・葛林（Robert Greene），
> 《人性18法則》（*The Laws of Human Nature*）

　　一旦你採取行動，把得到的新資訊落實於練習，一定會忍不住立刻尋找下一個你可以學習的事項。但是，這樣趕路抄捷徑，會讓你錯過重要的一步：反思你採取的行動。你需要一段回顧期，才能把學習和成長變成一種疊代週期。在實踐反饋之後，請你務必撥出時間分析你的表現，並且自問：

- •「我根據新資訊所採取的步驟有效嗎？」
- •「如果有，為什麼？」或者
- •「如果沒有，為什麼？」

　　這一步獨立於、也有別於步驟2的教練或導師反饋迴圈，自己親自評估、省思成果，這項流程有獨特價值。暢銷作家、TED演說人氣講者蘇珊・坎恩（Susan Cain）在《安靜，就是力量》（*Quiet*）一書裡，闡釋獨自進行部分刻意練習工作之所以重要的原因。「它需要高度專注，而他人可能會造成分心。它需要深度動機，通常出於自發。但最重要的是，它涉及對你個人最具挑戰性的一項工作。」

　　坎恩繼續引用艾瑞克森接受她訪談時所說的話：「艾瑞克森告訴我，人只有在獨處時，才能直接切入對他最

具挑戰性的部分。如果你想要在你做的事情上看到進步，就必須自己主動跨出這一步。你可以想像一下，如果你參加的是團體課，你能夠發動這一步的機會並不多。」

教育家和顧問西薇雅‧托里薩諾（Silvia Tolisano）也相信刻意省思在學習上的力量。「省思是學習過程的重要元素，我們絕對不能把它視為附件，可以在時間緊迫時捨去。我們都聽過約翰‧杜威（John Dewey）的名言：『我們不是從經驗中學習，是從經驗的省思中學習。』……當你要求老師『省思』他們的教學，或是要求學生『省思』他們的學習，對方通常會一臉茫然。省思是一項必須學習才能得到的能力，是必須培養才能建立的習慣。省思需要後設認知（思考你的思考）、詮釋你的思考，還有關聯能力（過去、現在、未來、離群值、相關資訊等等）。」[29]**心智的精進是有意識的轉化，來自大量學習，以及有目標的練習。**

步驟 4 教導

你上網瀏覽時，可能曾經偶然讀到一句中國古諺，「據說」出自孔老夫子：「聞而忘之，見而記之，行而知之。」[30]根據「docendo discimus」這句拉丁文（意為「我們在教導中學習」），[31]我想要加上一句：「教而曉之。」時至今日，這仍是真實如精金的智慧，光芒毫不褪色。**教導他人的力量，重點也在於能夠鞏固你自己所學。**

回想一下你被要求做報告時，可能是你在學生時代

的某項作業，或是你進入職場後主管交辦的某項專案，不管你的實際報告情況如何，你為報告所做的準備，本身就是啟動學習的有力引擎。

有意思的是，為了準備教學而做的功課，不是教導他人能夠強化教導者自身學習的唯一理由。最近有一項針對超過六十項已發表研究所做的後設分析，研究人員對此有更多的發現：光是大聲說出你學過的事物，就是學習奧祕裡的一塊關鍵拼圖。這項練習就是所謂的「自我解釋」（self-explanation），它的定義是「對教學內容的自發解釋，不但整合了演示資訊與背景知識，還補充了內隱推理。」[32]

根據一項發表在2018年9月號《教育心理學評論》（Educational Psychology Review）的研究所述，自我解釋的技巧能夠提振學習和理解，效果勝於做筆記、解決疑難、聽取要對學習者解說的資料等其他方法。[33]這點適用於學習者自動自發參與的自我解釋，也適用於由教導者提示的自我解釋。不管是哪一種情況，自我解釋行為「『產生關於因果關係和概念關係的推論，這些都有助於提升理解』……也有助於學習者發現自己還不知道的事。」[34]所以，當你閱讀難以理解的素材時，可以大聲對自己解釋學到了什麼，當作你的學習策略。[35]

NBA費城76人隊的總教頭布萊特‧布朗（Brett Brown），就把這條教學相長原則融入他的團隊文化。在球季期間的休假日，布朗會邀請客座講者參加球隊的

早餐，對團隊演講。他的講者名單非常多元，從《靈異第六感》的奈・沙馬蘭（M. Night Shyamalan）等好萊塢電影導演，到遭受冤獄判決的當事人，無所不包。[36] 一個月至少有一位受邀講者既不是名人，也不是任何外部講者，而是由球隊的某個隊員擔任講者，主題是把自己有興趣的事物教給隊友。中鋒阿米爾・強森（Amir Johnson）的演說是關於刺青的歷史，前鋒羅伯特・柯文頓（Robert Covington）的演說主題是爬行動物，在他演說時驚喜亮相的是他的寵物麥克斯，一條將近120公分長的黃蜂球蟒。[37]

我喜歡這個故事，於是把它應用在我籌劃的「學習型領導圈」（Learning Leader Circles）。我通常會邀請成員挑選主題，準備一場「教學」演說。我們會討論主題，以及如何根據他們的所知所學，以最好的方式建構一場演說。討論結束之時，我發現他們對於挑選主題的理解又更加精進，即使他們在接受這項任務時，已經覺得自己對這個主題瞭若指掌了。我太太和我也把這項練習融入生活，我們養成一種習慣，只要其中一人讀了一本好書、聽到一段有幫助的播客，或是看到某支有意思的紀錄片，就會教導對方自己從中學到的事物。準備「當老師」的過程，能讓我們對所學的知識有更好的吸收。

心態決定一切

這種內在的心智努力，全部的目的只有一個：幫助

你走出定型心態（fixed mindset）的高牆，進入成長心態（growth mindset）的激流。這兩個名詞出自史丹佛心理學家卡蘿・杜維克（Carol Dweck）具開創性的著作《心態致勝》（*Mindset*），這本書在我個人書單上占居重要地位，對於我如何看待世界、如何處世有重大影響。我極力推薦這本書，我想以杜維克教授所描述的一個關鍵洞見為本章做結。她在研究從成人到學齡前幼童等數千人的過程中，發現了一個清楚的模式。

> 每個人天生都有強烈的學習動力。嬰兒每天都在鍛鍊他們的能力……。他們不會認定一件事過於困難或不值得努力……。孩童一旦能夠評估自己，有些人就變得害怕挑戰。他們變得害怕不聰明……。於是，抱持定型心態的孩童就會想要確保自己成功，聰明的人應該永遠成功。但是，對於擁有成長心態的孩童來說，成功關乎鍛鍊自己，重要的是變得更聰明。[38]

孩童如此，領導者也是如此。如果你認為成功就是掌握正確答案，那麼你在做選擇時，就會以保護那個形象為目標。我在後文會著墨於這種心態對你們團隊文化的意義，這個心態會對你自己產生具摧毀力的影響。把成功定義為「我是對的」，會導致你迴避困難的挑戰，對相反的資訊充耳不聞。到了最後，這條路會帶你回到你原來的起點，你不會變得更強，不會變得更聰明，也不會變得更有能力。於是，你會沒有足夠能力去面對你

在新職位上勢必要承擔的重大任務。請不要讓你的現狀變成你潛能的天花板，銘記這句格言的精神：「流水不腐，戶樞不蠹。」[39]

觀念精要

- 在期望自己能夠有效領導他人之前，必須學習領導自己。

- 要培養的是「做」這份工作的能力，而不是「得到」這份工作的能力。

- 要贏得身為領導者的信譽，就必須以身作則，展現你想要團體表現的行為。

- 表現頂尖的人會培養高度自覺，他們把這件事變成例行事務。

- 成為一部學習機器，以學習不斷電模式，做為你的運作模式。

- 好奇心是驅動成長的高辛烷燃料。

- 在教練給予反饋的加持下，有目標的練習能夠帶來進步。這件事執行起來可能有難度，有時也會讓人氣餒，請堅持不懈。

- 全球績效頂尖的專業人士，每天都會練習他們那一行的基本功，並在最微小的細節下功夫。

- 學習的架構是：吸收／消化、檢驗、省思、教導。

- 不要讓你的現狀成為你的天花板。流水不腐，戶樞不蠹。

行動方案

- 列出並定義你的工作的根本事項。

- 尋求外部資源，藉以增長你的知識，增進你身為領導者的可信度。

- 人因教導而學習。創造教學的機會，教導別人那些你還沒有成為專家的事物，例如：主持工作專案，報告研究發現，或是在附近的大學擔任客座講師。

2

領導自我的外在修練

領導者是團隊的情緒溫度計。
——史考特・貝爾斯基（Scott Belsky），
奧多比（Adobe）執行副總、創意雲（Creative Cloud）產品長
（《學習型領導者》第276集）

自律的重要

遵守紀律很難。有紀律的人能成難事。為什麼？因為自律，他們有控制自身情緒、克服自身弱點的能力；因為自律，他們能夠奮力追求他們認為是對的事物，即使面對許多誘惑要他們放棄目標也不為所動。套一句棒球運動心理教練哈維・多夫曼（Harvey Dorfman）的話，一個人透過自律：「成為思想和情感的主宰，而不是奴隸。」[1] 要把我們在第 1 章討論的智識學習，全部轉化為實體世界真實、具體的變化，祕密就藏在自律裡。這個過程的起點，就是學習掌控我們的身體、時間和心力。

自律對於領導力更為重要，因為領導者會對周遭的人造成影響。領導是孤獨的，領導也是困難的，對新手主管來說，這點尤其明顯。新官上任的人，會立刻變成

所有與你有權責關係的人的話題。他們會仔細觀察你做
什麼、你說什麼、你怎麼說、你如何應對逆境、你對成
功的反應、你如何為與執行長的重要會面做準備。簡單
地說，就是他們會觀察你的一舉一動。

　　請注意，我說的是「他們」，不是「那些在你手下
的人。」我指出這一點，就是要清楚表明，會看著你、
研究你在做什麼事、又是如何做事的人，不是只有你帶
的人而已。把一顆小石頭丟進池塘，水面會泛起圈圈漣
漪，得到領導者的職位，就像拿到一顆更大的石頭，你
的舉止會激起更大的漣漪。請務必留意這個看似多餘、
卻極為重要的事實：漣漪不會只在你丟石頭的方向漾
開，無論你原先設想的目標聽眾是誰，你身為領導者所
做的選擇，你身邊的每個人都會看到它泛起的漣漪。

　　這就是自律之所以重要的原因。

　　身為團隊領導者，你會要求團隊去做困難的事。想
要大家對你的要求服氣，你必須自己先展現從事困難任
務的意願。你得打先鋒，領導大家。面對困難時，大家
會追隨的是他們知道會和自己站在一起的領導者。

何謂自律

　　有紀律的領導者會刻意、積極尋求不適的挑戰，藉
機測試自己。如果不常把自己推出安逸的舒適區，你就
無法真正知道自己有多大的能耐。關於這點，一項刻意
練習就是，獨自旅行到語言不通的異國。暢銷書《原子

習慣》作者詹姆斯・克利爾（James Clear）就是採取這種練習，讓自己習慣感覺不自在，並且接受這種不自在感。他向我說明：

> 顯然，你只有在不得不面對的那一刻，才會知道你的心智有多堅強……。在你測試之前，你不會知道自己是否真有那個能耐。自願吃苦的目的，就是三不五時做個小測試，鍛鍊心智保持韌性，知道自己真正的能力何在。我認為，心智韌性就像肌肉，不用就會萎縮。如果你只過安逸的生活，你培養出來的心智只能應付安逸，而旅行是一種鍛鍊方法。[2]

培養紀律從自己開始——從早起、運動伸展和流汗開始，從別人不想運動時去運動開始。**要培養自律的美德，將自律內化成個人的一部分，最好的著手點莫過於體魄的培養，兼顧營養和運動兩者。**

現在，我幾乎可以聽到有人問：「我的體適能和我在職場當主管帶人的績效有什麼關係？」答案涵蓋兩個部分：外在與內在。

儀容外表是否比實際的領導和績效表現重要？這個問題合情合理。無論你認為外表是否應該重要，它確實會影響。無論我們是否應該用外表判斷一個人，大家確實會以貌取人。既然領導是結果導向的任務，我著眼的是你「需要什麼」才能讓別人追隨你的領導，而不是你「應該需要什麼」。這表示你要避免這種矛盾：告訴別人要勇於做困難的事，自己卻以漫無紀律的儀表告訴

大家，在在顯現你這個帶頭的人並沒有做困難的事的意願。這點之所以重要，是因為大家不會長期追隨一個沒有紀律的領導者。大家如果發現你是個草包或冒牌貨，很快就不會再聽你的。大家真正尊敬的是以身作則的人。

　　比這個外在因素更重要的，是身體自律的內在效應。換句話說，你維持體魄的自我紀律，當然會影響你帶的那些人的心智，但是對你自己的心智影響更大。這份自律也和培養你面對逆境時的心智素質有關。

　　退役美國海豹部隊隊員、極限運動員、《不受傷的勇者》（*Can't Hurt Me*）一書作者大衛·戈金斯（David Goggins），曾在一場訪談中談到：

> 我知道我是透過運動開始找到自尊的，就從那時起，門開始一道道開啟。對我來說，運動不只是體能活動，也是心智活動。我認為，運動是我把心智鍛鍊出厚繭的方法。我把體能訓練和心智韌性畫上等號。早起、訓練，看起來好像很可怕。這不是舒服的事，這是殘酷的事。我不想做。但是，我透過這件事找到自我，開始用迥異於旁人的觀點看自己。這種優秀的工作倫理沒有盡頭，可以一直持續下去，這是我建立個人自尊和自信的方法。[3]

　　「心智的厚繭。」想想看，重複做一些困難的事，長期累積信心，對一個領導者具有多大的價值——早起、伸展身體、規律運動。鍛鍊體魄對大腦的影響，不只是增加心智強韌度。如果你有脂肪肝、血糖高、腸胃不健

康，或是患有炎症，你的大腦運作就不會是在最佳的狀態。[4]均衡、營養豐富的飲食和規律運動之所以重要，原因就在於此。自律能讓你看起來像個領導者、感覺自己像個領導者，我敢說，你也會成為真正的領導者。

反應管理：
臨場反應具決定性關鍵

　　處於逆境時，心智能受自律約束至關重要。暢銷作家羅伯特・克爾森（Robert Kurson）在他的《影子潛水員》（*Shadow Divers*）一書，寫到兩名水肺潛水員引人入勝的冒險歷程，兩人歷經各種危險，只為了尋找希特勒失蹤的潛水艇。

　　這是一個令人眼界大開的故事，但是克爾森這本書最吸引我的地方，與歷史或二戰時期潛水艇的搜獵完全無關。他在書中解釋，成功的深海打撈潛水員與在潛水時身故的潛水員之間的差別（這是極為危險的行業）：「讓潛水員丟掉性命的很少是問題本身，而是潛水員對問題的反應——他的慌亂，臨場反應可能才是決定生死的因素。」[5]

　　地球上沒有一個人不會遭遇逆境，壞事總會發生，逆境會突如其來降臨。對於選擇做領導者的人來說，這點尤其真實。當你做出選擇，就要肩負起服務、協助他人的角色。當問題出現，當他們的生活陷入混亂，你的生活也會一團糟。**一個人是否飛黃騰達，不是取決於他**

是否閃過逆境，每個人都會遭遇逆境。一個人的成功，歸根究柢，端看在那些艱難時刻選擇如何回應。

失敗是人生的一部分，一如《流言終結者》節目主持人亞當‧薩維奇（Adam Savage）告訴我的：「我不信任沒有失敗過的人。」[6]如果你沒有失敗過，這表示你還不夠努力督促自己。我離開大企業之後，到布梅顧問（Brixey & Meyer）主持新成立的領導力諮商事業部門。當時的我非常清楚，犯錯、挫折和失敗，都是無可避免的事。我知道，當我尋求拓展自身能力時，這些都是過程的一部分。

我們推出的計畫，有幾項沒有成效。有一次，我為一群經理人主持一個小型工作坊，他們因為執行長強迫才來參加，結果情況慘不忍睹。我必須退一步自問：「我為什麼失敗？」「我能夠從這件事學到什麼，讓這種事絕對不再發生？」我透過反省學到：我的準備不夠到位、內容不夠完備，這群經理人不想參加，他們來是不得已的，是老闆告訴他們一定要來。之後我主持工作坊時，會充分準備，確定內容適切、講課精采。我也會在前端多了解一點，確認參與者都是抱著一顆開放、想要學習的心參與。失敗沒有關係，重要的是當你努力拓展自己的能力追求成長，當你面臨無可避免終會遇到的逆境時，你選擇做何反應、如何從中學習。

最關鍵的時刻，或許就是當團隊目光都在你身上，失敗卻惡狠狠地賞了你一記耳光。作家莎拉‧羅伯‧歐

哈根（Sarah Robb O'Hagan）說：「我深深覺得，如果你一路走來都不曾經歷任何失敗，那麼你就會更害怕失敗。當得失之間的代價重大，你要更能夠容忍風險。我認為，失敗是極其重要的寶貴經驗。」[7]

從失敗中重新振作，是歐哈根故事的核心。她曾在維珍集團（Virgin）、Nike和豪華健身俱樂部春分（Equinox）等企業擔任經理人，是開特力（Gatorade）前全球總裁、健身房飛輪運動（Flywheel Sports）前執行長，後來自立門戶，出了一本勵志書。在我們的訪談裡，她談的不是那些在企業任職的成就，她說：「最恐怖、丟臉的經驗之一，就是在眾目睽睽下打包東西。我覺得自己像個罪犯。」

對歐哈根來說，她對那個事件的反應，為她的職涯奠定了成功的走向。「我從中練就了強大的韌性。多年後，我要努力改造一個50億美元的運動飲料品牌。在眾目睽睽下打這場硬仗時，我借助於從職涯早期的失敗所培養出來的那份不屈不撓精神。那些被開除、犯錯的經驗，是如此實用。」

你必須出現

我有幸能說，我的父母是我的好榜樣。我父親要領導一家公司，為了事業打拚，儘管如此，當我們幾個兄弟要他和我們一起運動時，他從無怨言或找理由不參與。當年還是孩子的我，從來不曾想到，他可能才剛結

束一天十二個小時的工作，但是他不曾因為壓力而抱怨或推托過。即使我們晚上11點想要去棒球打擊練習場，或是清晨5點想要玩投籃，我父親都會在場投幣，或是接我們的籃板球。那些回憶有許多值得記取的課題，但是對我而言，最重要的課題正是最簡單的那個：要成為好家長，你必須出席。你的出現對孩子來說，比你給他們的任何禮物還要重要。

團隊領導者也是一樣，新任領導者更是加倍如此。**親自參與，與你的團隊同在，是與他們建立融洽關係的要件，也是充分理解他們當下處境的關鍵。**我記得，我剛走馬上任主管職時，被一堆我覺得必須參加的電話會議綁在辦公桌前動彈不得。一位睿智的導師告訴我：「走出你的辦公室，和你的團隊在一起。當主管的人，會有來自四面八方的要求瓜分你的時間。切記，你當主管最重要的職責就是：訓練、教導、帶領你的團隊。獨自坐在個人辦公室裡參加電話會議或看電子郵件，你就無法善盡那些最重要的職責。」

卓越的領導者知道，和自己領導的人同在何其重要。美國總統林肯一直保持一個習慣，就是在辦公室接待「平民」：他和這些人談話，聆聽他們心裡的想法。他會撥時間親自參與、聽取這些討論。由於這會影響他的行程安排，為此憂煩的助理因而想要縮減總統在場停留的時間，提醒道：「總統先生，你沒有時間一直和這些人講話。」

「你錯了，」林肯回答：「我絕對不能忘記我出身的大眾集會。」[8]

無獨有偶，老羅斯福總統在任美國總統期間，一年有三個月都在做「巡迴訪問」——春季六週，秋季六週。在這些旅程中，老羅斯福會和那些批判他的報社編輯會面，深入理解他們的觀點。[9]

如果你管理的團隊散布全國各地，那麼你就得做好巡迴旅行的準備，像老羅斯福總統一樣。你需要經常出差，走出去，親自到你的同事實際工作的場所，與他們同處，不然你就不要接下這份工作。和他們搭車時記得交流，與他們一起體驗那種在車陣中趕往下一場會面的壓力，在他們喜歡的地方共進午餐，用餐時聽取彙報。盯著地圖看是沒辦法指導人的，為了避免掉進這個管理陷阱，你要銘記數學家阿爾弗雷德・柯日布斯基（Alfred Korzybski）點出的一個簡單但深刻的知名觀念：「地圖不是領土。」事物的描述，不是事物本身。

前國防安全分析師、策略思考網站Farnam Street創辦人夏恩・派瑞許（Shane Parrish），以二戰巴頓將軍（George S. Patton）的故事，清楚說明柯日布斯基這句格言的真義。派瑞許寫道：「他走訪庫唐斯（Coutances）附近的軍隊時，發現士兵們坐在路邊研究地圖。巴頓將軍問他們為什麼還沒有橫渡塞納河，他們的回答是他們正在研究地圖，還沒有找到可以安全涉水的地點。這時，巴頓將軍告訴他們，他才剛渡過河，水深不到兩呎。」[10]

如果不花時間實地走一趟，你就無法研擬計畫和策略，務實打造事業。想要知道你必須渡過的那條河，究竟是二十呎深、還是兩呎深，最好的辦法莫過於你親自涉水，實地查訪。請你親自到場。想要做出更好、更周詳的決策，你就必須在場，這樣你才能在你帶的那些人當中建立信譽。要走遍你的團隊成員所在的每個地方很難嗎？是的，當然很難。可是，管理團隊本來就不是每個人都可以做的事。

親自到場不是幅員廣大的團隊主管所獨有的挑戰，就算團隊同處一地，主管親自到場沒那麼困難，要找藉口不出現一樣容易。你要對抗所有妨礙你與團隊面對面的阻力，為你服務的人出現，為你的團隊出現，這能夠建立你的信譽。不要整天坐在辦公室開電話會議、寫電子郵件，你要和你的團隊在一起。

當領導者帶團隊和當爸媽帶小孩，有異曲同工之妙。你的團隊（你的孩子）重視你的陪伴勝於你的禮物，如果不是這樣，你就必須深切反省，了解原因何在。你的團隊想要的是清楚穩當，希望消除不確定性。你的出現，以及你在他們面前的所做所為，能讓一切清楚明白，創造出更多的確定性。

有效管理你的時間

現代管理學之父彼得‧杜拉克（Peter Drucker）平鋪直述道出領導者如何運用時間的重要性，他把時間管

理列為他所說的「高效能經理人必須具備的五個心智習慣」的頭一個。[11]杜拉克寫道:「高效能的經理人……不會從工作著手,會從時間著手。他們不會沒有規劃就開始。他們會從找出時間實際上都花到哪裡開始。」了解時間都到哪裡去了,在時間分配上講求策略、保持警覺,這是把領導自我的努力轉化為成功領導他人的重要一環。杜拉克認為,要做到這點,可以應用一套包含三步驟的流程:

1. **記錄時間。**記下一整天的時間運用,非常類似控制預算的記錄開銷。

2. **管理時間。**刪除沒有生產力的工作,這些工作花時間卻沒有創造價值。

3. **集中時間。**管理排程,讓你可以自行運用的時間(別人不需要你在場或你的注意力的時間),盡可能集中累積成最長的連續時段。

如果你不能好好重視這點,有效管理你的時間,而是跟著組織的自然動態隨波逐流,很容易就會遠離有價值、具生產力的工作。再次引用杜拉克的話:

> 你會面臨持續不斷的壓力,把你帶往沒有生產力又浪費時間的事物。任何經理人,無論是不是主管,都要投入大量時間於完全沒有貢獻的事物。許多時間注定浪費。一個人在組織裡的層級愈高,組織對他的時間需求就愈多。[12]

　　集中時間、把零碎時間調整成較長的時段，是一個大家都運用不夠的方法，但是真的很有價值。只有在這些時間較長、不受干擾的時段，你才能對單一工作保持長時間的專注，足以產出價值深厚的工作成果。我是卡爾·紐波特（Cal Newport）和他提出的「深度工作力」觀念的堅定信徒和死忠粉絲，他在同名書籍中闡釋：「從事高度需要認知能力的工作時，深度工作力是心無旁騖的專注能力。它是一種技能，讓你能夠迅速精熟複雜資訊，在較短時間產生較好成果。」[13]

　　深度工作的特質，就在於必須動用到你的認知資源、運用你的創意，並且保持專注力。反過來說，淺層工作的內容較為單調、較不需要動腦，無須認知能力、創意和專注力也能完成。淺層工作包括回覆電子郵件或參加會議等，這些也是日常工作的一部分，但是大多沒有立即可見的具體生產力。

　　如果你誠實檢視一下，就會看到你為淺層工作所耗費的時間有多少，你可能會大吃一驚。盡是在從事淺層工作裡渡過的人生，是通往平庸的危險之路。這句話聽起來或許刺耳，卻是真實無比。**想要在工作和生活有重大進展，你必須持續以刻意、有意義的方式，專注於深度工作。**確切地說，你要在每天的行事曆上，圈出時間來從事深度工作。紐波特在與我的對談裡說得十分明白：「你的淺層工作量，應該只到足夠讓你不被開除的程度就好，這樣你才有足夠的時間去做那些能讓你升遷

的深度工作。」

時間管理要講究戰術：每個工作日的最後三十分鐘，用來為第二天與當週剩下的其他日子進行規劃。一天至少排一個小時給深度工作。深度工作通常不具急迫性，卻重要無比，無論是對專業發展（你自身工作的精進）或重大工作專案都是如此。把電話放在一旁，關掉你的電子信箱，全神貫注於手邊工作。

我出身於俄亥俄州戴頓市（Dayton），因此我喜歡探究萊特兄弟如何在城西的單車店裡創造出第一架飛行器的歷程。萊特兄弟身處於當時競爭最激烈的事業版圖，他們與同時代的人相比（無論是在美國或海外），雖然資金和支援都嚴重不足，仍然大膽追求目標。

即使競賽喧騰紛亂，萊特兄弟還是會定期花很長的時間，從事那種當時看起來真的很蠢的深度工作。後來拍攝到萊特兄弟飛行過程一些經典相片的攝影師約翰・丹尼爾斯（John T. Daniels）是他們的鄰居，他說：「大家實在忍不住覺得，他們只是一對呆瓜。他們在海灘上一站就是好幾個小時，什麼也不做，就只是看著海鷗翱翔、高飛、俯衝。大家覺得他們是瘋子，但我們也不得不佩服，他們的手臂能夠那樣動作，上上下下曲起手肘和腕骨，就像鳥兒一樣。」[14]

想要嘗試打造能夠飛翔的東西，為什麼不觀察已經在飛的東西？站在北卡羅來納的沙丘上觀察鳥類，此舉在旁人眼中雖然看似瘋狂，對萊特兄弟來說卻有道理和

必要。如果萊特兄弟能夠放下打造機器的工作，規律投入時間觀察鳥類，那麼我堅信我們所有人都能夠、也應該這麼做。事實上，我們禁不起不這麼做的代價。什麼工作對你而言，相當於觀察鳥類之於萊特兄弟？**你要怎麼做，才能在日程中更加落實深度工作？**

養成良好的習慣：
運用潛意識行動的力量

　　良好的習慣幫助我們表現一致，隨意度日無法造就持之以恆的好表現。我說的「習慣」，就是建立一套系統或架構，真正做到持之以恆。如果你不夠可靠，你的團隊就無法信任你。他們對你每天出現、做好主管的能力有任何懷疑嗎？懷疑會傷害信任，也會傷害你身為團隊領導者的表現。好習慣有助於持之以恆、建立可靠性，進而產生信賴感。一切都從你的日常習慣開始。

　　習慣的重要，在於它們運用了潛意識的力量。美國陸軍少將、曼哈頓計畫（Manhattan Project）工程師查爾斯·諾貝爾（Charles C. Noble）說：「起初我們培養習慣，後來習慣塑造我們。」透過習慣，你能夠不假思索執行任務，不必依靠你有限的意志力，在做之前糾結是否採取行動。

　　凌晨4:44起床，完成早上的例行事務——活動身體、喝大約600cc的水、寫日誌、閱讀、重訓／跑步、和

家人一起吃早餐、開車送我女兒上學，這些已經是我連想都不用想就會做的事。由於我先建立習慣，這些現在是我運作系統的一部分。習慣專家詹姆斯・克利爾說：「我們不會自動向上對齊目標，會自動向下靠攏我們建立的系統。」

　　建立有用的習慣系統，能讓你在日常生活的各個層面都受惠。一天撥出一個小時從事深度工作的習慣，能夠確保學習成為每天的一部分。每天早上做感恩練習，寫下你感恩的十件事，這個習慣能夠轉化你的心態，為身為團隊領導者的你點燃樂觀和能量。一如我父親總是掛在嘴邊的那句話：「每天保持好心情，是領導者的義務。」沒人想要追隨渾身散發黑暗負能量、滿口酸溜溜的人，**透過建立有用的習慣，你就能創造一個系統，讓你進入領導別人（還有領導自己）的適當心態框架，積極保持樂觀、活力十足。**

> 習慣既強大又羸弱，可以在意識外出現，也可以刻意設計。它們通常不經過我們的允許就養成，但也可以透過部分調整而重新打造。
>
> 　習慣對日常生活的塑造力，遠遠超乎我們的體認——事實上，習慣的力量強大到會讓我們的大腦排除一切（包括常識），緊緊依附著它們。
>
> ——查爾斯・杜希格（Charles Duhigg），
> 暢銷書《為什麼我們這樣生活，那樣工作？》作者

決勝於早晨

傑西‧柯爾（Jesse Cole）和妻子愛蜜莉，為他們的夢想賭上一切。2015年10月，他們在沿海平原聯盟（Coastal Plain League）成立了一支新的棒球隊伍。他們在一間廢棄倉儲建物裡成軍，在來到喬治亞州薩凡納（Savannah）的頭幾個月只賣出幾張票。2016年1月15日，他們的帳戶透支，錢已經花完。他們刷爆信用卡、賣掉房子、睡在充氣床墊上，拚命工作才能勉強維持收支。有些事必須改變，在讀過暢銷作家哈爾‧埃爾羅德（Hal Elrod）的《上班前的關鍵1小時》後，傑西採納了SAVERS法，以決勝於早晨。SAVERS這六個字母分別代表：

- **靜心（Silence）**：冥想、祈禱、呼吸，讓你的心靈歸於寧靜。
- **肯定（Affirmations）**：給自己鼓勵的話語，告訴自己要達成準備著手的事，克服恐懼。
- **視覺化（Visualization）**：按部就班想像你實踐抱負的歷程，想像成功的感覺。（我參加運動比賽時會大量做這項練習，它幫助我在重要比賽之前更加自在。我甚至會對自己說： 我要做的就是執行任務就好。在這一刻之前，我已經透過練習和比賽做過數千次了。」）
- **運動（Exercise）**：活動你的身體，流流汗，讓血液流動。著有《運動改造大腦》（Spark）一書的約

翰‧瑞提（John Ratey）醫師說：「運動能夠提升你接下來兩、三個小時的專注力，在短期內提升你的腦力。透過神經可塑性，也就是大腦提高血流和腦源性蛋白質水平進行自我改良的能力，運動的作用可達細胞層次。這是大腦的有機肥料，全都來自規律運動。」[15]根據杜克大學的研究人員表示，規律運動對於嚴重憂鬱症成人患者所產生的正面效果，與抗憂鬱藥物相當。[16]身體動起來時，大腦的記憶力會更好。美國運動醫學會（American College of Sports Medicine）的《健康與體適能期刊》（*Health & Fitness Journal*）曾經刊載一項實驗，實驗人員要求參加實驗的學生背誦一串字母，在背誦的時候可以跑步、舉重或安靜坐著，[17]結果跑步的學生背誦的速度和準確度都優於安坐在位子上的學生。

- **閱讀（Reading）**：從他人的經驗學習，在書裡渾然忘我。讓你自己以學習模式開啟一天。
- **書寫（Scribing）**：寫作或寫日記，這是記錄你的信念、建立縝密思緒的好方法。書寫能夠幫助你提高自覺，定時反省。

除了奉行SAVERS，傑西也把感恩加入他的早晨儀式。連續兩年，他每天早上都會寫感謝函給不同的人，我收過一張。我很幸運，能從播客粉絲那裡收到各式各樣的善意短語，傑西寫的是我收過想得最細膩的短語之一。他寫的內容非常具體，洋溢著謝意。我在感動之

餘,立刻和他聯絡,之後有了一場長長的對話。

這一切的起點,都是他「決勝於早晨」的思維,還有他決定用感恩做為這個日常儀式的開場。這場「感恩」實驗始於2016年1月1日,正是他在薩凡那最艱苦、最難熬的關頭。當我和他談到這件事,他說:「我在那些挑戰中學到,如果我想要成為團隊最好的領導者,必須先成為自己最棒的領導者。我必須懷抱著目標開啟每一天,每天都要出現,感激我得到的機會,感謝出現在我生命裡的人。」

2016年,薩凡納香蕉隊(Savannah Bananas)在創下單季聯盟賣座紀錄之後,被封為沿海平原聯盟年度風雲隊伍,傑西和愛蜜莉獲選為年度最佳經理人。2019年,薩凡納香蕉隊打破自己的賣座紀錄,把連續完售場次紀錄推高到100場。2020年1月,香蕉隊宣布已經賣完2020年所有套票。

萬全的準備,是克服恐懼的最佳特效藥

「不做好準備,就準備失敗。」這是我們森特維爾中學(Centerville High School)美式足球隊更衣室裡掛的標語。教練團要我們銘記,我們的練習會比實際比賽更辛苦、更具挑戰性,事實證明是真的。

我們在嚴冬中展開準備的歷程,在重訓室舉重、跑步和調整動作,整個團隊也一起觀看影片。一到夏天,學校停課,我們的訓練量只會增加:凌晨4:30是健身時

間（舉重、跑步），接下來是基本技巧訓練（傳接球），還有看影片檢討細節。在賽季期間，我們會一遍又一遍練習同樣的陣式，直到精熟為止。我們練到筋疲力盡，直到不假思索排出每套陣式。

等到比賽終於來臨，我們的準備已經充分到沒有什麼好緊張的。我們沒有理由害怕自己是否能夠按照設計執行陣式，因為我們已經透過幾千個小時的準備，建立起這些陣式的肌肉記憶。我很幸運，能夠連續兩季創下俄亥俄州進攻得分最高的四分衛紀錄。每當我想到艱鉅的任務，像是三鐵或在數千人面前演說，我就會想起這句話：萬全的準備，是克服恐懼的最佳特效藥。準備是建立自信的終極武器，在重要時刻，由萬全準備而來的卓越表現，能把你的信心化為動能，創造出一個一再締造出色表現的飛輪，而準備的功夫就是踩動這個飛輪的第一步。

> 當你缺乏信心，有效的IQ和EQ水準就會下降，因為當你的關注和思考是出於預判而不是反射，你很容易會侷促不安。在正向、有生產力的組織文化裡，這是較難為人理解的層面——一個人要如何才能釋放潛能，而不是背負著認知的重擔，想著要怎麼融入，或是要怎麼讓同儕佩服，或是捍衛自己與眾不同之處。[18]

面對你必須表現的時刻，你該怎麼做好準備？身為主管，你有無數必須大顯身手的時刻，你願不願意為這

些重要時刻做足適當準備，是領導者能否保持卓越的重要關鍵。湯姆‧畢德士對此直言不諱，很少人能像他說得這麼言簡意賅：「當老闆的人，不管喜不喜歡，開會就是你的工作。每一場無法激發想像力、無法觸動好奇心、無法增進關係的會議，都是P.L.E.O，永久喪失的卓越機會（Permanently Lost Excellence Opportunity）。」[19]要激發團隊的想像力和好奇心，就要有適當的準備。

　　你要怎麼為會議開場？議程內容是什麼？你要和團隊分享什麼故事，以激發心緒，引爆讓人覺得一日不枉過的想法？大部分的人對開會都興致缺缺，身為主管的你，要如何改變這點？你要如何準備與每個團隊成員的一對一會議？你曾經思考過每個人獨有的特質和性格嗎？與他們建立關係的最佳方式是什麼？所有這些事項都需要準備工作，需要刻意的努力和思考。**主管必須花時間思考，為重要時刻做好準備，才能夠真正做得好。**

　　講到為重要時刻做好準備，我最喜歡的一句話，出自我們在第1章看過的那位蓋茨堡英雄張伯倫。他說：「我們不知道未來，因此無法為未來做太多計畫。但是，我們可以決定、也可以知道，無論重大時刻在何時何地到來，自己會以什麼狀態迎戰。」[20]隨時蓄勢待發的人，不需要預備動作。

　　為你自己創造賽前儀式，以促發你的心智，為拿出表現做好準備。以我來說，我有幾套專門用於演說的服裝，每當我穿上這些衣服，我就知道是發表主題演說的

時候，我不會穿那些衣服出席其他場合。在演說之前，我聽一樣的音樂，在飯店房間做同樣的伸展運動，進行同樣的筆記流程，在文件夾貼一張紙，寫下隻字片語、想法、故事、重點和轉折。對你來說，這些聽起來或許很怪，但它們能夠促發我的心智，進入拿出最高水準表現的狀態。這是我對聽眾的義務。身為領導者，做好準備，這是我們對領導的人所負有的義務。

魔鬼藏在細節裡

身為領導者，沒有什麼細節可以讓你覺得小到不用在意而不去做對。約翰・伍登（John Wooden）在他12年的教練職涯裡，一路帶領UCLA男子籃球隊，創下十座全美總冠軍紀錄。他在每一季的球隊集訓，都以同樣的方式開場：教導球員穿襪子的正確方法。[21]他甚至會親自為他們示範，仔細地把襪子順著腳趾、腳掌、腳跟套上，然後拉緊。接著，他重新整理腳趾部位，依據襪長拉平布料，確保沒有任何皺摺。

伍登教練曾在一場接受表揚的晚會上表示，他之所以這麼做，有兩個目的。「襪子有皺摺，腳很容易會起水泡，而水泡會限制上場時間。」優秀球員因為腳起水泡而縮減上場時間，然後就這樣輸掉比賽。伍登開玩笑說：「球員減少上場的時間，或許會讓教練被炒魷魚。」其次，他希望球員明白，看似微不足道的細節可能多麼關鍵。「細節造就成功」，這是伍登教練的信條。

四分之一步的重要

2006年初，前一年五月才從大學畢業的我，離開校園還不到一年。在幾次NFL甄選未果之後，我預期這就是我美式足球員生涯畫上句點的時候。在我眼前的新職涯道路，是企業世界的B2B銷售。但是，接下來，連做夢都想不到，我竟然接到室內美式足球聯盟（Arena Football League, AFL）伯明罕鋼狗隊（Birmingham Steeldogs）總教練的電話。於是，突然之間，我打包好我的行李，搬到阿拉巴馬州，擔任先發四分衛。

沒多久，我就發現，AFL的美式足球風格迥異於我截至當時之前的經驗。首先，他們只有三名進攻和防守線鋒，因此線鋒之間較難形成圍堵，防守球員比較有機會可以迅速接近（攻擊）四分衛。由於這項差異，AFL是教導四分衛預判傳球的絕佳訓練場，在接球者有空檔之前就傳球，迅速讓球脫手，以免被擒殺來不及傳球。區區幾年前，科克·華納（Kurt Warner）就以運用他在AFL的經驗攀登NFL的巔峰而揚名，領導聖路易斯公羊隊（St. Louis Rams）在1999年贏得第34屆超級盃冠軍，而他本人也兩次獲得NFL最有價值球員獎（1999年及2000年）。

為了成功駕御這種新的賽事風格，我必須設法為我傳球前的後退路徑盡可能創造深度，而且要用我在大學打球時一樣的時間和步數做到。為了找出解答，我研究

了其他 AFL 精通此道的四分衛的影片。我開始注意到一個細節，那就是有些四分衛會採取籃球教練可能稱為「倒叉步」的步法。在等待中鋒發球時，這些四分衛會移動左腳，放在比右腳距離中心多大約 15 公分處。這個細微的調整構成一種交錯站姿，能讓我先一步發動我的後退步。於是，這項技巧能為我在接到中鋒發的球之前，為我的後退步創造更多深度，然後我會以左腳為軸，以右腳啟動第一步，就像我一直以來做的一樣。

這個動作產生驚人的效果。藉由改變這個小細節，我平常的後退傳球動作，為我與即將到來的衝撞之間增加了整整一碼空間，雖然步伐數完全一樣（退三步、五步或七步傳球。）這額外的一碼空間，為我多爭取了大約 0.3 秒的時間，讓我可以找到接球的人，預測他的空檔，把球傳出去。我究竟會因為差一碼而被擒抱，還是因為多一碼而成功傳球出去，就取決於我左腳的那四分之一轉。想想：因為這 15 公分，造就出決定比賽成敗的 0.3 秒。魔鬼藏在細節裡。

不要輕忽言語的力量

從我小時候，我父親就經常對我耳提面命：「重要的事絕對不能留給機運。」如果我了解終端客戶如何因為我們的產品而受惠的細節，並且鏗鏘有力地表達，那麼我身為領導者的工作就會簡單得多，有太多人不曾真正了解他們的公司為服務對象做了哪些事。

　　練習「怎麼說」極為重要，你可以用手機的錄音程式，練習說出你下一次會議的開場白，然後回放。聽起來如何？細節很重要。請設身處地站在你們團隊的立場思考，你就能從你帶的那些人的觀點去感受情況。

　　有太多人不在意自己的遣辭用句，沒有意識到言語的力量——正面力量，以及負面力量，如果運用失當的話。卓越的領導者會特別注意言詞訊息，彷彿在為潛在客戶精心建構提案。他們這麼做，是為了更理解如何得到最佳反應，一個例子就是家父啟斯‧霍克（Keith Hawk）與麥可‧波蘭德（Michael Boland）所著《真正成交》（*Get-Real Selling*）一書提出的「神奇問題」。

　　長久以來，銷售人員不經思索，動不動就對客戶丟出「什麼會讓你夜裡睡不著？」這個問題，做為銷售切入點。我父親在聽煩了這個萬年問題之後，精心琢磨出他們的「神奇問題」，提議用這個新問題取代那個老掉牙的問題：「如果你要成功，有哪幾件事絕對不能出錯？」這個更新、更好的問題，來自我父親打電話進自己的語音信箱，說出他的會面開場白的練習。

　　我發現，觀察團隊的人際互動細節也很有用。我用一份名為「我想更了解你」（Get to Know You）的文件，從個人層面更了解我的團隊成員與其他同事，從中獲得有價值的情報，適時傳達溫暖善意。比方說，我會送同事子女在亞馬遜願望清單上的電玩，或是送一些餅乾，附上一張紙條寫著：「給莎拉和傑諾米，你們的媽媽在

工作上表現非常出色，你們應該為她感到驕傲。我知道
她辛苦賺錢養家，提供你們所需。請享用這些餅乾和電
玩，我謹以此表達我對你們的感謝。」我和一些同事
這樣建立起長久的關係，太多領導者都忽略了一些不起
眼、但是能讓團隊成員感到溫暖的重要細節。

　　身為主管和領導者，不斷分析、關注小細節是重要
職責。**細節累積起來，可能會成為決定成敗的關鍵。**
以領導者的角色而言，一些重要的小細節包括：怎麼
跟團隊打招呼（微笑、個別問候、態度真誠直率）；如
何為會議開場（很無趣嗎？有沒有計畫？是否足夠有
力？）；你的辦公桌是否清潔整齊；你的組織程序。有
太多事情可以留意，細節很重要。

沒有細節小到可以完全忽略

　　「大師心靈講談」（Mastermind Talks）是一個不公
開、只能透過邀請加入的創業家社團，傑森・蓋納德
（Jayson Gaignard）是創辦人。2016年，我飛往加州奧海
鎮（Ojai），參加我的第一場大師心靈講談活動。從我抵
達飯店的那一刻起，我就感受到，活動的整個體驗顯然
都是經過深思熟慮安排的結果。我收到一張傑森和他妻
子坎蒂絲手寫的字條，歡迎我來到這座美麗的建築。對
於我這樣一個初次與會的人來說，在活動的第一晚，了
解社團成員的來歷，聽到過去與會者提到那種「家人團
圓」的感受時，會覺得自己不夠資格與他們為伍。

　　傑森以他對最微小細節的講究，讓客人有賓至如歸的感受。我出席第一晚的晚餐時，發現坐在我周圍的人，都是和我有共同點的與會者：同桌每個人都是之前曾經從事運動的父親，而且都是講者，透過演說分享訊息。那天晚上，傑森後來告訴我：「我花了很多時間安排座位。精心安排150個位子，對我來說非常重要。我努力為每個人創造驚喜的體驗，那很困難，要花很多時間和心力。」

　　傑森對細節的講究，不只是在當晚座位的安排上。在最近一次活動，午後休息時間結束後，我回到座位上，發現有一盒塔嘉隆（Tagalongs）餅乾在等我。它的女童軍系列巧克力花生醬口味，是我放縱自己享受時的點心，這是傑森在報名表上提出的問題。我抬頭環視四周，看到每個人的位子上都放著專屬點心。籌備一場150人的活動，在點心時間統一讓大家從穀物棒、水果和咖啡選一個，會是更容易、成本也低廉得多的做法，但是當你真心在意，事情就會變得難辦許多。

　　A與A⁺的差異，就在於對這些微小、個人化細節上的關注。傑森身體力行「你怎麼做一件事，就會怎麼做所有事」這句格言，他花時間親自參與，每天都透過對小細節的注重，身體力行這句話。幾年前，我邀請他擔任我的播客頭號嘉賓，當我收到他的第一封回信時，就覺得他應該是這樣的人。他在簽名檔引用了餐飲大亨丹尼‧梅爾（Danny Meyer）的話：「生意就像生活，最重

要的是你給別人的感受。就是這麼簡單，也這麼困難。」

芝加哥白襪隊的創始人及老闆查爾斯‧科米斯奇（Charles Comiskey）曾說：「生活裡重要的都是小事；讓水庫的水漏光的，都是看似無關緊要的小裂隙。」[22]關於你的團隊、你們組織、同事之間的互動、你參與的會議、你主導的會議、你寫的電子郵件、你沒有回的信、你在艱難時刻選擇的回應方式、你刻意培養的習慣、你想要建立的文化，還有你要雇用的人，請你想想這些人事物的細節。關注這些細節，是你身為領導者的重要職責。

觀念精要

- 自律非常重要。不斷努力做困難的事,當你要求別人做同樣困難的事時,這能讓你有公信力。

- 心智韌性就像肌肉,不鍛鍊就會萎縮。主動尋求不適的挑戰或體驗,超越你的常態。

- 當別人覺得你是個草包或冒牌貨,就不會再聽你說的話。

- 傷害你的不是問題;你選擇如何回應問題,才是關鍵。

- 親自參與很重要,人和心都要到。你要出現,才能做出更好、更周延的決策。

- 把時間化零為整,集合成較長的時段,讓你能夠不受干擾地從事「深度工作」,在那些需要高度認知能力的工作上,提高你的專注度。

- 養成良好的習慣。好習慣幫助你表現一致,持之以恆會創造可靠感,團隊因為你可靠信任你。

- 決勝於早晨。

- 萬全的準備,是克服恐懼的最佳特效藥。充分的準備能把信心轉化為動能。

- 言語措辭很重要。

行動方案

- 建立你自己固定的晨間儀式。先想一想，寫下來，實驗看看，再根據結果調整一下，以便達到最好成效。

- 寫日誌。在重要的事件或活動期間，記錄你的思緒，以及你選擇的回應方式。

- 分析你目前為重要時刻做準備的流程，例如：做簡報、與執行長開會、跟同事一對一會議等，確定你已經仔細想過在重要時刻能有高水準表現的最佳方法。

- 連續30天落實一項你挑選的新自律，例如：清晨散步30分鐘、讀《華爾街日報》等。

- 花兩週的時間，詳細記錄你如何運用工時。區分標記「深度工作」和「淺層工作」，你的目標是把長時段留給深度工作。

第二部

打造團隊

我接到電話，得知我將要升任主管，我想要盡可能以最大的正向動能，一上任就火力全開。我坐下來，寫下我的流程、我的計畫和我的期望。我開始做準備，要與我的新團隊分享這一切。但是我知道，在那之前，最重要的是先聽聽他們的想法。

我向人資夥伴求助，即使我還沒有真正上任，我希望她以真誠的態度和我的團隊面對面，了解他們的想法。她與我的新團隊開了幾小時的會（我不在場），設法探知一切。她問像是「你最在意什麼？」、「你最想要什麼？」、「你需要什麼？」之類的問題，而且這些問題不只觸及個人層面，也包括團隊層面。

這件準備工作能夠有效，她功不可沒：她能讓團隊信任她，願意在新主管到任之前，告訴她這些資訊。他們說出他們覺得什麼做法有用、什麼無效，討論我在公司擔任領導職位，要怎麼協助他們最好。他們也說出要不斷達到卓越績效，自己應該擔任的最適職務。

我在適當時機走進辦公室，加入會議。他們和人資夥伴從他們的觀點，一起為我建構一張藍圖，指出優秀的領導者／主管是什麼樣貌。我們在會議中，逐一檢視藍圖的每個地方，有好的，也有壞的，無所不包。這些會議創造出安全感，讓新團隊的成員可以說出心中所想，我邊聽邊做筆記，之後根據我聽到的採取行動。

身為新任主管的你，雖然不能每次受命領導新團隊，就重新建立一套規矩和哲理。重要的是先當個傾聽

者，找出你的風格和團隊成員的建議可以契合之處。我們都希望主管傾聽並重視我們的想法，我們想要自己的話有人聽。這樣的會議有助於打造相互信任、賦能授權、真實、主動反饋與開放的文化，建立彼此共事的基礎。可以說，大家正要駛離港口，為一段共同旅程啟航。

　　建立團隊的重點在於：贏得目前與未來團隊成員的尊重，打造讓人想要有卓越工作表現的文化。從我的個人經驗與我有幸能夠訪談到的那些人身上汲取到的智慧，我深信卓越的文化源自兩項因素：1.）領導者能夠展現脆弱，因為這有助於創造心理安全感的空間；2.）充分授權給團隊，讓團隊成員在工作上有自主權。無論在運動界或商業界，我參與過的最佳團隊都有嚴格的教練，會讓團隊成員建立自主感和所有權感，積極為自己的表現負責。

　　身為領導者，我們要了解，打造追求卓越的文化意義何在，以及要如何打造這樣的文化，落實於日常之中，讓它得以持續下去。你需要開創鼓勵求知欲和創意的空間，也要了解何時必須做出困難的決定。打造團隊文化，方法是最難的，後兩章會詳細討論。請你務必融合你和你的團隊的獨特性格，把本書的討論內化成自己的方法，這樣才能建立真正的自主感，讓大家主動承擔責任。

　　新手領導者常會忘記自己的認知已經有所改變，公司在我們的新頭銜賦予權力，我們必須意識到這一點，

並且採取相應的行為。你要理解如何運用你的權力為善，服務你的團隊。只要有改變，就會遭遇抗拒。面對抗拒，你要如何妥善回應？你必須做好準備，後文也有相關討論。

這一部也會探討主管最重要的決策，那就是決定團隊要網羅誰、必須淘汰誰，可以說你的職涯取決於此。人決定一切，我會討論團隊的選才條件，還有最重要的，如何找到合適人才，以及如何留住你的超級巨星成員。我提出的想法，或許會讓你感到訝異，但是我向你保證，長期來說，這個方法會是你為自己、你的同事和整個團隊所做的最佳決定。

3

耕耘團隊文化

想要有精采的派對，就要邀請精采的人。
——馬克斯·巴金漢（Marcus Buckingham），
暢銷書《首先，打破成規》（*First, Break All the Rules*）作者
（《學習型領導者》第305集）

文化的精義

文化是無形、難以定義的詞彙，特別是在企業裡。如果你在同事之間做個非正式調查，可能十個人就有十種定義。根據我的經驗，文化是組織成員本質的集成。文化的表現，不在於辦公室裡擺的那張乒乓球桌，也不是牆壁的顏色，更不是免費的點心。**文化是團隊、組織和企業內部成員的集體能量**。我們實際的互動（社群系統），來自團體裡的人所創造的文化。不意外，領導者是文化形成的關鍵。

「文化」的英文單字「culture」源自拉丁文的「cultura」，意思是「耕耘」（cultivate）和「關心」（care）。[1] 它也衍生自另一個拉丁字「colere」，意思是「照料或保護」。但是，「文化」的意涵遠比它在語源學的意義還豐

富。一如人類學家克利福・格爾茨（Clifford Geertz）在他的著作《文化的解讀》（*The Interpretation of Cultures*）裡描述的，文化很容易與社會體制混淆。我們需要理解兩者，以完全掌握我們在組織裡談論文化時所表彰的意義：

> 文化是意義的編織，人類用以解讀經驗，以此引導行為。社會結構是那些行為所表現的形式，是實際現有的社會關係網絡。因此，文化和社會結構是源自相同現象的不同抽象事物。文化考慮的是社會行為對行為者的意義，社會結構考慮的是行為對某個社會體制在運作上的貢獻。[2]

　　無論你是否注意到，團隊文化是日積月累形成的。理想上，文化的建構是需要刻意經營的工作，但是你知道嗎？無論文化是深思熟慮的設計所塑造的產物，或是漫不經心的慣性所產生的結果，都會影響績效。「先有好文化，才有好成果，」舊金山49人隊的傳奇教練、教練史上的偉大導師比爾・沃爾希（Bill Walsh）如此寫道。「它不是你邁向勝利之路時出現的想法。冠軍在成為冠軍之前就有冠軍的樣子，他們在成為贏家之前，就已經有贏家的表現水準。」[3]

　　根據《高效團隊默默在做的三件事》（*The Culture Code*）一書作者丹尼爾・科伊爾（Daniel Coyle）的說法，優良的文化可以教，雖然我們往往認為文化固定不變。[4]我們的文化得自周遭的人，人類學家羅伊・安德拉德（Roy D'Andrade）也表示認同：

任何人的所知，多半是習自他人。別人的教導可能
是正式的，也可能是非正式的，可能是刻意的，也
可能是無意的，學習可以透過觀察或規則的教導而
來。無論如何達成，結果都是代代相傳的大量學
習，稱為「文化」。[5]

要培養所有成員的榮譽感、歸屬感和忠誠的團隊精
神，需要下一番功夫，這項工作的責任落在領導者身
上。在影視產業，通告單會載明拍攝細節的排程，排程
列出演員到場演出的時間。由於電影主角的戲份是撐起
電影的重頭戲，因此拍攝時間通常會排在每天的第一
場。關於通告單第一號演員的責任，演員約翰·卡拉辛
斯基（John Krasinski）在入行早期，從知名演員羅賓·
威廉斯（Robin Williams）那裡得到一些建議。卡拉辛斯
基在參加《好萊塢報導》（*The Hollywood Reporter*）的播
客節目《得獎者開講》（*Awards Chatter*）時，告訴主持人
史考特·芬伯格（Scott Feinberg）這個故事。

「有一天，他跟我說：『我認為你在這一行會走很
久，所以我只有一件事要告訴你：某天你會成為排
在通告單上第一個位置的演員，你要知道，這不是
一項特權，這是一份責任，你的職責就是扛住整個
場景。所以，你必須是最有活力的那個，必須是人
最好的那個，必須是最親切的那個。你要承擔這份
責任，這是一份榮耀，絕對不要忘記這點。』」

卡拉辛斯基說，威廉斯不是嘴巴說說而已，他以身

作則，親自實踐主角的責任。「有一次，我們到牙買加拍一場戲，他說：『就像這樣，你知道今天空調壞了，但我不會喊熱。如果我說我很熱，整班工作人員都喊熱，我們就完了。』」6

關於如何建立並維持卓越的文化，油品公司WD-40的執行長蓋瑞・瑞奇（Garry Ridge）就是一個很好的範例。這家只有單一種類產品的公司，在他領導的期間，不曾遣散任何一名員工，員工的留任率是全美平均的三倍。一項全球員工意見調查顯示，WD-40的員工投入度高達93.1％，96％的員工表示信任主管。員工一定覺得自己在一個受到信任、身邊的人都希望他們成功的環境。蓋瑞告訴我：「我們讓領導者承擔栽培員工的責任。」7

WD-40的文化很重要的一部分，就是領導者對自身弱點誠實不諱。以蓋瑞來說，他從自己在WD-40的成長中學到的最重要一句話就是：「我不知道。」他說：「身為領導者，如果你接受自己不會什麼事都知道的事實，讓自己身邊圍繞著有能力的團隊，並且充分授權，鼓勵他們分享知識，就能創造我們在追求的那種神奇文化。我在聽別人說話時，一向抱持著想要被影響的打算。」

蓋瑞以開放的心態傾聽，讓團隊知道他們可以改變事情，對公司發揮影響力。他說：「我從來不覺得自己輸，我不是贏、就是在學。在WD-40，我們不犯錯，我們有學習的時刻。我最重要的學習時刻就是，微管理無法擴張規模。如果我們想要把這個藍黃雙色、有著紅蓋

子的罐子賣到全世界去，就必須基於我們存在的根本原因、一套能讓人自主的價值，以及一些容易理解的策略動因，打造我們的文化。那就是我們在做的事。現在，在優秀同仁的努力下，我們的市值從2億5千萬美元成長到16億美元。」[8]

蓋瑞證明，在一個競爭激烈、經營艱辛的市場，成為一位以人至上的領導者，不但不是不可能的事，更是最適化的經營方法。他面對吃緊的財務狀況，拒絕用裁員來解決問題。他以創新打開一條通往繁榮的道路，誓言在渡過艱困時期之後，要「至少再多雇用一名員工。」他的格言是：「我不是在這裡幫你打分數的，我是要幫你拿到A的。我在帶員工時，不會把失敗放進我的教導裡。相反地，我創造的文化鼓勵知識分享與持續學習。員工必須感覺到他們在一個受到信任的環境裡，身邊都是希望他們成功的人。我們把栽培員工的責任，放在領導者的身上。」他不認為人是在困苦時期可以說丟就丟的資產。

爭取領導的權利

TED首席策展人克里斯・安德森（Chris Anderson）在「TED精彩演講的祕訣」影片中，把觀念描述成一種資訊，在大腦以相互連結的神經元形態編碼。[9]而觀念的分享，就是讓聽眾的心智重新創造同樣形態的過程。為了有效做到形態的再創造，安德森主張，你必須事先做

一些準備工作：「開始在聽眾心裡建構事物之前，你必須得到他們的允許，讓他們歡迎你進入他們的心智。」[10]演說教練蘭斯・薩爾耶斯（Lance Salyers）告訴客戶：「你必須爭取走進聽眾腦袋的權利。他們給予的大腦通行證，一般稱為『注意力』。」

領導他人也是一樣，成為「老闆」不足以讓你帶的人給你關注，接納你的意見。**在你可以和團隊成員同心協力打造你想要的文化之前，你必須從贏得尊敬開始。**《企業》（*Inc.*）雜誌報導，86％的員工認為，如果他們喜歡自己的老闆，生產力會增加。問題在於，每四個員工就有三個認為，和老闆打交道是工作中最糟糕的一部分。[11]

我曾在各級球隊擔任四分衛，我最驕傲的事情之一就是，我為了贏得隊友尊敬所做的努力。身為森特維爾中學校隊史上第一個擔任先發四分衛的新鮮人，我在年少時就經歷了在一個老字號團隊擔任新手領導者的挑戰。為了扮演好這個角色，我非常注重提早到場、竭盡全力訓練、少說話、大方分享功勞，而且永遠願意接受責難。

等到我累積一年的資歷，我才開始變成一個比較有聲音的領導者。升高二時，鮑伯・葛瑞格（Bob Gregg）和隆恩・烏爾里（Ron Ullery）兩位教練告訴我，現在是「尋求我的發言權」的時候。他們告訴我：「是時候了，你已經在場上證明你自己。你有成績，現在你必須以你的能力和你的聲音領導。」

　　當我進大學，我也用同樣方法爭取隊友的尊敬。我在森特維爾中學加拿大馬鹿隊的最後一場比賽結束後兩天，接受了俄亥俄州牛津市邁阿密大學的入學許可。我打電話給邁阿密大學的助理教練隆恩‧強森（Ron Johnson）說：「我想在高中畢業的第二天就搬到牛津市，和歸隊的球員一起訓練。」當時，這不是新進的大一新鮮人會做的事。

　　「你確定嗎？你不想享受一下你進大學前的最後一個暑假？」強森教練對我的想法感到懷疑。

　　「不想，我有目標。如果我在遠離未來隊友的地方自己做訓練，就無法達到那些目標。我想要和他們在一起。」（順便一提，這種做法現在已經非常普遍，幾乎所有新進的大一運動員都要在高中畢業之後立刻到新校園報到。）我成功說服教練，他不但首肯，還幫我聯絡到一些我可以和他們一起住的隊友。

　　高中畢業隔天，我父親和弟弟開車送我到牛津市。在當時算是髒亂的大學宿舍外，我們在淚眼中道別。我現在「進了大學」，要和兩名新隊友同住一個寢室，睡在房裡的備用床墊上。我之所以這樣犧牲，是因為我在那個暑假有兩項重要目標，我認為這兩項目標能夠幫助我達到我的最終目標，那就是成為邁阿密大學校隊的先發四分衛。第一個目標是，我想要以我的成績贏得尊重，而不是我的話語。我想要讓未來的隊友看到，我參加每一場訓練，拚盡全力和他們並肩努力，為接下來的

賽季做好準備。第二，我想要知道他們所有人的名字。

身為領導者，你必須能夠直視你領導的人的眼睛，對他們說出在他們耳中聽來全世界最美妙的詞語：他們的名字。我就是這麼做的，在那年暑假結束時，我達成了那兩項目標。我這個唯一在兩個月前提早離家、和他們在炎炎夏日一起熬過訓練的新鮮人，與隊友建立了真正的友誼，贏得他們的尊敬。

尊敬的內涵

李氏塑膠（Lee Plastic）是位於俄亥俄州西南方的塑膠射出成型公司，葛瑞格‧梅瑞迪斯（Greg Meredith）是李氏的股東和總經理，也是我的朋友和在律商聯訊（LexisNexis）與布梅顧問工作時的同事。葛瑞格和我進行了無數次腦力激盪會議，討論如何成為卓越的領導者，包括「如何贏得尊敬」這個基本主題。

在羅列贏得尊敬的關鍵條件時，葛瑞格和我對「尊敬」定義是：你因為認為一個人值得，而對他寄予崇高敬意，我們歸納出尊敬的七項關鍵條件：

- **展現能力**。你具備必要而關鍵的技能，在組織的架構裡擔任領導工作。
- **顯現信念**。對於所選行動路線會達成正面結果，你要表現你有把握。
- **設定高標準**。你要為自己和團隊設定高遠的目標。
- **聆聽你的團隊**。你要傾聽反饋，適當吸收那些反饋。

- **努力工作。**你要投入必要的時間和心力，把事情做好。
- **做困難的事。**你要做困難的事，像是要求他人當責、正視惡劣行為，或是忠於你的價值觀，即使會受傷也在所不惜。
- **保持一致。**你的言詞、行動、決策和投資，都要有一致性。

尊敬的定義

1940 年，當時軍階還是中校的艾森豪，是紀錄良好但不算功勳卓著的職業陸軍軍官。然而，1943 年底，艾森豪得到拔擢，擔任歐洲盟軍最高司令，並且在不到四年的時間裡，一路從上校、准將、少將、中將，最後升為上將。他還當過兩任美國總統。

這種史無前例的晉升速度，背後原因為何？艾森豪贏得他的指揮官、他的軍隊，最後是美國公民的尊敬。

展現能力。艾森豪在路易斯安那演習（Louisiana Maneuvers）中表現出色，這是有超過四十萬大軍參加的戰前演習。他在演習裡，展露他策略規劃方面的長才，因而贏得在華盛頓的職務，參與美國軍事計畫工作。其後，他接受了幾項重要派任，支援戰事。艾森豪因此有機會指揮盟軍的火炬行動（Operation Torch），入侵北非，贏得指揮西西里和義大利入侵行動的權利，這些戰功讓他榮升歐洲盟軍最高司令，負責諾曼第大登陸的作戰行動。一路走來的每一步，艾森豪都證明了他的能力。

顯現信念。艾森豪不斷對他的信念，以及他選擇的行動路線展現信心。他經常對抗相反立場，他的信心在此時表露無遺。1920年，他發表了一篇文章，「支持陸軍善用坦克車，防止重蹈覆轍，陷入第一次世界大戰靜態而具毀滅性的塹壕戰。但是，軍方不認為艾森豪有遠見，而是判定他不服從，於是威脅他，如果他再次挑戰官方在步兵戰的觀點，就要把他送進軍事法庭。」[12]1945年，杜魯門總統在考慮對日本使用原子彈時，艾森豪採取反對立場。他認為這不但沒有必要，也會威脅美國在全世界建立的聲譽。

設定高標準。艾森豪的兒子大衛也是職業軍人，他最後不再和父親打橋牌，因為艾森豪是嚴格的牌搭子。要趕上艾森豪很困難，因為他為自己和身邊的人都設下高標準。他自己有高強的策略和運籌能力，也努力確保身邊的人達到他的標準。

聆聽你的團隊。艾森豪身為盟軍最高司令，必須和一些人類有史以來最強悍的人物打交道。英國首相邱吉爾、美國總統羅斯福和杜魯門、蘇聯總理史達林，還有一班不斷要求會見他的其他軍方與民間的領導者。艾森豪能夠傾聽他們關心的事，平衡他們相左的利益，採納最相關的反饋，以贏得勝利。

努力工作。艾森豪的父母努力工作，供應七子之家的衣食。除了每日的家事分工，艾森豪家的兄弟個個都會找方法多賺一點錢，貼補家用。小艾森豪做過各種工

作，包括挨家挨戶賣菜、賣他媽媽做的熱墨西哥粽，還有到農場當幫手，也曾在美春奶油廠（Belle Springs Creamery）工作過幾年。他成功兼顧工作和課業，在校拿到好成績，也參加運動隊伍和社區活動，而這種工作倫理為他卓越的軍旅職涯和總統任期打下良好的基礎。

做困難的事。「當艾森豪的老朋友巴頓將軍違反禁止雇用前納粹黨員擔任公職的命令時，艾森豪做出困難的決定，解除他的巴伐利亞軍政府首長職務。」[13] 應該採取困難行動時，艾森豪沒有畏縮。

保持一致。身為總統，這位前陸軍上將絕對不是戰爭販子。事實上，艾森豪努力不懈開創並確保和平。他提出停戰協議，以終止韓戰，並且不斷緩和與蘇聯日益緊張的冷戰情勢。他在總統任內的行動和決策，都一致以打造長遠的和平為依歸。

如果你為贏得團隊尊敬下功夫，你已經站在打造你想要的文化的起點。團隊的合作與接納對於文化的打造極為重要，無論你在理論上是如何有能力勝任領導者，都無法靠自己建立團隊或組織文化。

想要建立健康、有成效的文化，無疑需要各項條件。儘管如此，我特別重視其中三項：信任、脆弱（vulnerability）與自主權（ownership）。一個以這三項元素為核心建立的文化，能夠造就一群有信心勝出、主動承擔結果的人。

贏得信任，學習信任

信任是你經營團隊一切的根基。沒錯，信任要靠爭取，但這不是終點，同樣重要、甚至更難做到的是，你必須學習信任你的團隊成員。擔任領導職位的人，可能會面臨兩項挑戰中的一項：你升任的職位，是你某些隊友想要爭取的位置；或者，你是空降到一個全新團隊擔任主管，他們對你並不認識。

在第一個情境，從你一路以來晉升到領導職位的表現，可以看出許多事情。如果你是個值得信任的同事，我們可以合理假設，你也能夠迅速得到隊友信任。就算有些隊友心有怨憤或妒羨，你也已經以同事的身分贏得他們的尊敬。

無論是內升或空降，新主管都必須建立信任，消除從過去不好的經驗而來的懷疑。這跟約會一樣，當你和一個才剛結束一段壞感情的人約會，會有一段艱苦的上坡路要奮戰，因為那個人現在可能比較不願意信任新認識的人。

不只是你，根據一項2016年的調查，有三分之一的員工不信任雇主。[14]停下來思考一下這個訊息。無論教練在場邊下的指導棋有多好，只要場上有三或四名球員不信任教練的判斷，比賽幾乎必輸無疑。對企業管理階層普遍缺乏信任的原因，有檯面上的，也有檯面下的。引用管理顧問蘇・賓翰（Sue Bingham）的話：

不信任主管的員工，通常會指向整體明顯的事物：
上司行為遊走於道德邊緣、隱藏資訊、搶功勞，或
是明目張膽欺騙別人……。

　　造成不信任較不明顯的原因，通常源自領導者
受栽培的傳統環境，而不是善意經理人本身的特定
行為。例如，傳統的領導力訓練通常著眼於規定的
執行，類似上對下的親子溝通，而不是如何讓值得
信任的成人發揮能力。今日，高績效職場的領導
者，不會特別為了防範幾顆爛蘋果而制定政策；相
反地，他們預期每個人都會以對公司及彼此最有利
的方式行事。[15]

　雖然賓翰在她這篇《哈佛商業評論》的文章，沒有
指名道姓提到理查・布蘭森（Richard Branson），她所描
述的正是布蘭森經營維珍集團所秉持的領導哲學。布蘭
森在播客節目《蘋果橘子經濟學》（Freakonomics）中告
訴史蒂芬・杜伯納（Stephen Dubner）：「我認為應該以
對待家人的方式對待員工，你的政策應該與此一致。」[16]

　布蘭森主張，如果團隊成員想要彈性工作安排，或
是想要在家上班或海外工作機會，領導者就應該給他們
機會。「如果你給他們彈性，把他們當成大人對待，他
們會全力回報你。」杜伯納問道，彈性的政策如何帶來
忠誠和豐碩的成果，布蘭森的回答只有簡單一句：「因
為他們覺得自己受到信任。」[17]話雖如此，實際上還是
要視工作狀態而定，有時候要求整個團隊每天進辦公室
上班還是有必要的。至於分寸要如何拿捏，你要運用你

的最佳判斷。

　　退役四星上將麥可克里斯托在2011年的TED演說裡，分享了他在一次指揮訓練作戰行動的失敗故事。那次演習的地點是在加州莫哈維沙漠的歐文堡國家訓練中心（Ft. Irwin National Training Center），麥可克里斯托指揮的連隊在演習中「全軍覆沒，而且是頃刻全軍覆沒。敵人不費吹灰之力就殲滅我們。」[18]在事後的行動檢討會裡，當他準備接受營長的嚴厲斥責時，營長的反應卻大大出乎他的意料。

　　營長說：「史坦利，我認為你做得很好。」麥可克里斯托從營長那句話得到鼓舞，並學到一件事：「領導者可能容忍你失敗，但不會讓你成為失敗者。」麥可克里斯托認為：「領導者之所以優秀，不是因為他們是對的。領導者的優秀，在於他們願意學習和信任。」[19]我和麥可克里斯托將軍訪談時，問他關於信任在人際和團隊內部會加速的本質，他如此回答：[20]

> 信任降低執行成本……。每個組織都是如此。舉例來說，五角大廈裡都是想要努力爭取好成果的優秀人才……。一項簡單的行動，有時可能痛苦到令人膽寒。問題是，這裡並沒有壞人，全部的人都在努力確保自己做好盡職調查。問題是，你查證的時間太久，機會就會溜走，或是危險已經臨頭，然後狠狠咬你一口。因此，你必須在你願意接受多少風險與如何化解部分風險之間求取平衡。這件事有一部分關乎信任，你要在人際之間培養信任的關係。

　　身為新任主管，我會努力實踐基於信任來領導，雖然這意味著我要敞開自我，有時會因此吃虧。我選擇不去懷疑別人是否欺騙我，抱持著人性本善的信念過日子，我認為這種生活方式比較健康。當然，吃虧可能會是問題，但我會等到問題出現再來解決，很少會在與人往來時直接懷疑對方的意圖。

　　SixSeconds.org的創辦總裁安娜貝爾・詹森（Anabel Jensen）曾說：「人無法不做評判，我們的大腦天生就是會不斷做判斷。我們能做的，就是留意我們的假設，保持好奇心，以便能夠隨時重新檢視事物。」[21]《高效信任力》（*The Speed of Trust*）作者史蒂芬・M・R・柯維（Stephen M. R. Covey）進一步說明：「由於我們的大腦有做假設的內在傾向，何不從正向意念開始？」他說：「如果我們學會在任何互動之初，都先抱持著正向意念，就會以不同角度看世界。我是從百事公司執行長盧英德（Indra Nooyi）身上學到這一點的，她是我見過最出色的領導者之一。她說，她在人生中學過的最好的一課，是從她父親身上學到的，那就是：永遠先抱持正向意念。」[22]

　　預設正面意圖或基於信任來領導，是否有風險？絕對有。但是，柯維寫道：「如果我們不信任別人，要如何與他們打交道、創新、創造、彼此啟發，成為一個團隊？你可能會因為太信任別人而吃虧，但是你也可能因為不夠信任而沒有看到那些機會。」[23]

勇於展現脆弱

「脆弱是真實和勇氣的表現，」知名學者與暢銷書作家布芮尼・布朗（Brené Brown）如此說道。「展現真實和勇氣不一定舒服，但是它們絕對不是弱點。」**展現脆弱不是弱點。**

前西拿邦連鎖烘焙坊（Cinnabon）總裁、現任其母公司專注品牌（Focus Brands）營運長的凱特・科爾（Kat Cole），就是一個很好的範例。我有幸與三百多位一流領導者和頂尖人士錄過的精采訪談中，與凱特的對話是我最喜歡的訪談之一。在我們的談話中，凱特告訴我，每當她到一個新國家開設分店，如何藉由顯露脆弱而迅速建立信任：

> 我認為，由於我這麼年輕就要出差到各地，領導與我素昧平生的團隊，我才會知道建立信任的真正訣竅。建立信任的真正訣竅在於給予信任，而給予信任最確定的訊號就是顯露脆弱面，告訴大家關於自己的事，而且願意接受評判。我必須這麼做，因為我必須盡快認識大家，也必須讓他們認識我。
>
> 　我從長期經驗學會一件事，每當我到一個之前沒到過的地方，加入一個沒見過的團隊，就會告訴大家我的故事。突然間，我不再只是來做訓練、展店的主管；我是凱特，成長於單親家庭，是個大學中輟生，很拚才有今天。在看一個人的時候，那是一副完全不同的濾鏡。這是我建立信任感必須做的事。[24]

要與團隊建立關係，就必須顯露脆弱面，因為一如

「大師心靈講談」創辦人傑森‧蓋納德所說的：「脆弱面顯露愈多，關係就愈深。」脆弱面和人際關係有關，那些勇於敞開自我、願意以脆弱面示人的人，能與他人有更多交流。我自己在與我很欣賞的老闆妲絲汀‧金（Dustyn Kim）的相處裡，就親身體驗到這點。她從來不怕告訴我們全部的事實，即使這麼做會讓她看起來軟弱或情緒化，這點讓我想要追隨她。由於她願意如此開放、誠實地表達真實的感受和想法，所以我想要為她把工作做好。妲絲汀擁有許多當領導者的資產，我認為願意顯露脆弱的一面是她的領導超能力。

在我的領導生涯與播客訪談工作裡，我也努力練習顯露脆弱面。如果我想要別人分享人生故事，我也必須願意暢談自己的故事。例如，在我製作播客的早期，有次與布瑞迪‧昆恩（Brady Quinn）訪談。他最知名的身分是聖母大學（University of Notre Dame）的明星四分衛、克里夫蘭布朗隊（Cleveland Browns）第一輪入選的球員，現在是美式足球廣播人。

關於顯露脆弱面的領導，我說了一個故事，講到我在當四分衛時的挫敗。那是一段九十秒的故事，卻在無意間改變了對話的動態，因為我願意開啟一個我們可以暢談那些不愉快的事情的空間，也讓他放心加入。然後，他說出我多年來聽過情感最豐富、最感動人的一句話。他說：「在電視攝影棚內轉播比賽，而不是上場比賽，就像是眼睜睜看著我的摯愛嫁給別人。」[25]

　　身為領導者，我們必須努力為團隊建立可以放心說真心話的安全空間。為了贏得信任，我們必須給予信任，而建立信任最快的方法，就是顯露你自己的脆弱面。想讓大家覺得可以放心展現脆弱面，關鍵在於建立一個有「心理安全感」（psychological safety）的環境。哈佛商學院的艾美‧艾德蒙森（Amy Edmondson）博士對「心理安全感」的定義是：「一種大家可以自在做自己（或表達自己）的氛圍。」[26]

　　艾德蒙森教授的研究顯示，心理安全感與品質提升、行為學習和生產力提升呈正相關。谷歌一項內部研究發現，心理安全感程度高的團隊，比其他團隊更善於執行多元構想，驅動高績效，[27]也比較會留任公司。**為了增加你展現脆弱面的誘因，你可以這樣看待展現脆弱的文化：透過打造一個心理安全的環境，改善團隊成員對工作環境的觀感，你就能大幅降低流動率和安全事故，提升生產力。**

　　要打造一個有心理安全感的環境，蓋洛普的專家傑克‧赫瓦（Jake Herwa）建議先回答下列四個問題：

- 哪些事，我們能夠倚靠彼此？
- 我們團隊的目標是什麼？
- 我們想要得到什麼名聲？
- 我們要怎樣改變做法，才能得到那份名聲，實現我們的目標？[28]

充分授權，有效分派任務

讓你的團隊成員感受被充分授權，是整體團隊成功的關鍵。「授權」不是對獲利影響微乎其微的浮濫流行語，最近一項研究發現，不投入的工作者，缺勤率增加37％，錯誤多出60％，生產力減少18％，獲利低16％，而公司股價日積月累下來低65％，而且負面效應還不只這些。[29]

道理非常簡單，如果總是由你來告訴他們要做什麼，他們就不會有自主的感覺。蓋洛普指出，在美國只有三成工作者非常肯定，自己的意見在自己的工作上有份量。[30]退役美國海軍上尉大衛·馬凱特（David Marquet）根據他指揮美國海軍聖塔菲號（*USS Santa Fe*）核動力攻擊潛艦的經驗，解釋為什麼這一點很重要。在馬凱特受命指揮聖塔菲號當時，從好幾個方面來看，它都是潛艇艦隊表現最差的潛艦：績效評等、人員再徵召率，以及在此晉升職位的軍官人數等。但是，等到馬凱特把聖塔菲號移交給新指揮官時，它已是美國海軍數一數二的潛艦隊。

馬凱特表示，聖塔菲號改頭換面的關鍵，在於改變運作方式，從一個「知之、告之」的團隊，轉變為「知之、問之」的團隊。[31]如果你覺得自己知道所有該做的事，也確實知道該怎麼做最好，從這個立場出發、對團隊發號施令，你就會創造一個「知之、告之」的團隊。

從另一方面來說，如果你想要創造一個「知之、問之」的團隊，那麼即使你已經知道答案，也知道你希望團隊走的方向，你還是會透過對話鼓勵提問，讓你的團隊自己發現。你不會告訴你的團隊該怎麼做，會給他們機會自己推敲出來。

回想一下，你上次在一個每天都會有人叫你做什麼，並且告訴你應該怎麼做的位置上工作的情況。你對於工作過程或結果，有任何一絲自主感嗎？大概沒有。最成功的團隊，成員都能自主決策與行動。

授權團隊表示你能夠賦予他們責任，讓他們自己履行責任；你幫助他們學習，事後從經驗中成長。你需要學習下放給團隊的，不只是困難和辛苦的差事，也要有好的任務。2010年一項研究發現，公平、願意犧牲自我的領導者，能夠激發員工的忠誠和敬業程度。³²忠誠的員工對其他員工更為友善，也更樂於伸出援手，由此建立一個自我強化的良性循環。領導者展現願意為了團隊利益犧牲自己，員工會發揮更高的生產力，認為他們的領導者是高效能、有魅力的領導者。充分授權是重點，如何有效分派任務是策略。

如果你習慣當個人貢獻者，充分授權這個概念聽起來可能有違直覺。如果你覺得同事沒辦法把工作做得和你一樣好，你就很難真正授權給其他人。通常，他們的表現確實比不上你，至少在一開始沒有辦法，然而你的目標是擴大你的團隊、你的業務、你所屬群體的規模。

如果你從來不給團隊迎接挑戰、失敗和學習的機會，規模就不可能擴大。他們的表現水準一開始可能和你差了一截，但這也是你提供反饋迴圈、促成進步的機會。

此外，授權給潛力較大的同事，讓他們領導訓練和教練課程，這點也很重要。當我看到高潛力的領導者，我的習慣是拉他們去訓練團隊新人。我給他們指導他人的機會，之後再提供反饋。

有時我也會挑選團隊成員帶領小組訓練和會議，我可能會選定主題，但是安排議程和教學方法由他們決定。這能讓團隊當家做主，激發他們追求主管的職位——如果這是他們想要的。請記得自問：你是否授權同事在他們負責的專案、被分派到的任務做決策以進行下一步，而不是依靠你給答案？

良好的授權，最終意味突破瓶頸，提升團隊成長的速度。退役美國海豹部隊隊員克里斯・福塞爾（Chris Fussell）在他的暢銷書《讓大象跳起來》（*One Mission*）裡闡釋，在戰場上，要不斷用無線電向長官請示許可或指令的團隊，行動會變得緩慢。[33]**無論是戰場或市場，速度都是關鍵。分權和授權（讓你的團隊沒有你也能做決策），是長期成功的必備條件。**

授權的要點

- 從對話開始。如果在同一個辦公室，親自與對方會面，不然就安排視訊會議。

- 在專案全程定期檢查並追蹤進度。
- 訂定固定的會議時間，讓對方找得到你，以尋求指引和反饋。
- 為可能出現的問題，建立最佳的溝通工具，例如：電子郵件、Slack之類的團隊通訊程式等。
- 為專案訂定結束日期／完成時間。
- 召開行動後檢討會議，給予反饋。
- 記錄行動後檢討會議。

為這個架構建立文檔，確保整個團隊都知道你對一項任務的想法和期望。如果你必須讓你的團隊成員未來參加績效改善計畫，這點就變得很重要。如果他們沒有完成任務，或是沒有達到目標，這會列進他們的評核紀錄。無論反饋是正面、中立或負面，都絕對不應該突如其來，所以務必寫下來。（請聽我這個曾經付出慘重代價才學到這件事的人一句勸。我一開始沒有把那些對話形諸文字，結果它回過頭來煩擾我：人資部門希望我提出書面文件，做為一項人事開除決定的佐證。）

管理團隊類似教養子女，你的目標是把團隊教好，讓他們最終不再需要你。一個絕佳的例子就是杜克大學籃球隊總教頭、人稱「K教練」的麥克·沙舍夫斯基（Mike Krzyzewski）。我曾與之前在他手下打球（也擔任助理教練）的史蒂夫·沃傑霍夫斯基（Steve Wojciechowski）訪談，我問他，為什麼K教練手下的助理教練，經常成為優秀的總教練？[34]沙舍夫斯基為人津

津樂道的，就是調教出優秀的助理教練，出師後繼續領導自己的成功團隊。沃傑霍夫斯基說，沙舍夫斯基是他看過最懂授權的人：「他會把比賽計畫的某些部分交給我們，我們可以百分之百做主，包括賽前、賽中與賽後。」事後，沙舍夫斯基會指導他的助理教練，幫助他們成長。信任加上自主，造就這些助理教練在非常短的時間內成為總教練，那就是偉大領導者的標誌：培養出更多領導者。

鼓勵良性競爭，不是爭奪

當我踏入商業世界做業務時，我們的文化相當講究競爭。業務單位每天都會對所有人公告業績排名，人人都可以看到彼此的成績，還有和目標的差距。這種透明度會挑起所有人之間的競爭，為公司拉高收入。這種方法在銷售組織相當常見，組織甚至通常鼓勵用這種方法，它全部的重點是彼此競爭，創造最高數字、成為第一。事實上，以這種動能來看，這群人根本不能叫做一個團隊。如果與人合作或幫助他人，會讓別人的數字比較好看，我們就沒有興趣當好人。

競爭使人優秀，我對於激烈競爭一點都不陌生。在那樣的環境中，我或許是表現優異的那個，但是我看得到這會造成的傷害，我也知道這不是我想要長期待著的環境。有些人瘋狂地以擊敗隊友為目標，我還清楚記得，有個業務同事努力爭取一筆交易，只要談成，他就

能坐上第一名的寶座。當他終於敲定那筆相當於三個月業績配額的交易時，他在自己的辦公隔間歡呼，慶祝自己的成功，但他是現場唯一喝采的人，沒有其他人為他拿下那筆生意感到高興。

我知道，他的團隊沒有人為他的成功感到高興，這聽起來似乎有點怪，但那就是那個文化和環境的競爭本質。這是一場零和賽局，有一個人贏了，就表示我（和其他所有人）都輸了。沒有人能受益於他的成功，如此形成一種爭奪文化，知識分享少之又少。一個人如果成功了，通常會私藏自己的成功心得。

說起來真尷尬，但我必須承認，我自己曾是維持這種環境的推手，因為我覺得維持團隊精神沒好處。回想過去，我相信這種態度有部分是因為我在邁阿密大學時曾跟班恩・羅斯利斯伯格（Ben Roethlisberger）競爭，爭取先發四分衛的關係。那也是一場零和賽局，如果他贏了（最後他確實贏了），我就輸了。場上有他，就沒有我。無論你是誰，無論你認為自己多優秀，隊伍只有一名四分衛能在美式足球場上接發球。

隨著我變得愈加成熟，幸運遇到卓越的導師（得到本人親炙和透過書本），我開始明白，除了競爭，還有更好的方式。當我察覺到，我在隊友拿到一筆大訂單時心裡有多沮喪，那些導師的智慧閃過我的腦海。我明白，要讓個人拿出最佳表現，還有別的方法。我決定，等我以後領導自己的團隊時，我要創造一種不同的文化，讓

團隊蓬勃發展。由於心懷成為團隊領導者的未來願景，我當時立刻改變我身為隊友的行為，自願指導別人，把我學到的教給他們，分享我的成功背後的最佳實務。我想要先從自己開始做起，促進良好的工作環境，然後創造一種漣漪效應，不斷往外擴大到組織的其他地方。

選擇不一樣的文化

當我最後成為團隊主管，我開始著手建立一種人人都可以蓬勃發展、得道多助的文化。我想要打造的文化，要能夠走得長遠，也要讓人能夠樂在其中，成員會覺得自己處於真正的團隊，不只是一群想要打敗彼此的個人。

我待過贏球的團隊，也待過輸球的團隊。我曾在好教練手下打球，也遇過壞教練。無論是商業或運動，我所待過的一流團隊，成員都非常關心彼此，為彼此的成功加油喝采，並要求彼此當責。除了能力和工作倫理，在我待過的團隊，志同道合的情誼是成功最關鍵的決定因素，我想要我的工作環境和我的團隊培養出那種情誼。我曾待過的最好團隊，教練（或老闆）會授權成員領導團隊。這些團隊是由成員領導的團隊，每個人都有一種要為同儕好好表現的責任感，而不只是為老闆或教練。

改變必須從團隊裡的人開始。我第一次當主管時，我們的團隊在十五個業務分區有三個職缺。經營一個只有八成戰鬥力的銷售團隊，可能有相當的殺傷力，因為

那些沒人負責的業務區無法貢獻業績。但是,我把這視為開始重新塑造文化的機會,因為我可以引進正直、誠實、態度良好又有績效能力的新人。我最早雇用的兩名新人都是用功的人,願意堅持不懈、每天求進步,以勤補拙。他們也樂於教導別人,花很多時間幫助身邊的人。他們是重視家庭的人,關心同事就像關心家人。他們很快就成為團隊領導者;召募、訓練和文化的建立,都有他們的參與。

這個團隊從內部形成一種獨特的身分認同,成員以身為團隊的一分子而自豪。這個團隊為自己取了一個名字——老鷹團隊,我們還請設計師設計專屬標誌:一隻老鷹,佩著一把生鏽的劍。那把生鏽的劍,象徵我們的團隊充滿恆毅力;我們吃苦耐勞,願意為了成功做任何事。我們的訊息得到我們的領導者的支持及增強之後,有了自己的生命。在會議上或公司出遊時,我們的領導者通常會在演說裡講述我們團隊的起源故事、它的獨特之處,以及成為團隊一分子的條件。

本著這份團隊榮譽精神以及對彼此的真心扶持,我們用咖啡罐和鋁箔紙製作一座「史丹利盃」(Stanley Cup)。每週我們都會把這座特大號獎盃,頒給表現最好的業務。得獎者可以在獎盃上留名、貼上照片,把獎盃放在辦公桌上。到了月底,整個團隊會為獎盃得主慶功。慶功會上,有一個在一場健康、開心的競賽裡第一次成為獎盃得主而真正雀躍不已的人。身為領導者,最

令我滿懷感恩的成就之一，就是看到團隊成員即使彼此競爭，也能對彼此展現真性情。團隊成員是這一切的起點：他們願意成為給予者，堅持我們創造的價值觀，這就是為什麼召募過程對團隊的長期成功至關重要。所有這些微小但重要的表達，都能推動文化前進；附帶一提，那些團隊成員至今都還是好朋友。

從那時開始，我們找進團隊的每個人，都對團隊文化有所貢獻。自然有人不喜歡這種改變，對於團隊的新方向也不表讚賞。沒有關係，他們只不過是不再適合這裡而已，最終也會離開這裡，迎向新的機會。有一陣子，團隊的流動率反而會因為文化動態的改變而增加，但是到了最後，留下來的全部都是接納這種健康、彼此扶持、高績效文化的人，而且會為了維持這種文化付出。

為了凝聚團隊成員的信任，保持能夠展露個人脆弱的關係，我們必須在工作之外建立真正的情誼，那表示我需要在團隊的聚會和訓練上花更多心思。我發現，人一旦認識彼此，了解彼此的家人、個性和興趣，往往能在溝通上更加順暢，對彼此也更有同理心，會更渴望看到每個人成功。於是，我們一道租車旅行，觀賞辛辛那堤紅人隊（Cincinnati Reds）的棒球比賽。我們一起看賽馬、一起看電影，也一起做社區服務。這些活動在隊友之間，建立起一種革命情感。當你在個人層面上了解一個人，在工作之外與他相處，你更能夠把他放在隊友的位置上，而不是把他當作競爭對手來看。

你最終希望的，是每個人都認為團隊文代是他們的文化，每個人都有責任透過選擇和行為，在別人沒有這麼做時勇於直諫，以維持這個文化。在我與麥可克里斯托將軍所做的訪談裡，他告訴我一個年輕士兵的故事，這個隸屬於遊騎兵團一個獨特營隊的年輕士兵，是這條原則的活教材。[35]

> 這個單位和我待過的不大一樣，很有意思。它在階層之類的組織，有非常嚴格的指揮鏈，但是組織的標準甚至比層級更有權力……。我剛上任時是新科上尉。我想，那是我報到後才不過兩天的事，有個位階比我低四、五級的下士專員，出面指正我。原因好像是我把手放在口袋或類似的事，他走上前來說：「長官，我們這裡不會那樣做。」
>
> 　我在任何其他單位都沒遇過這樣的事。首先，人們可能畏懼到不敢這樣做。但是，那裡的文化就是這樣：「標準適用於每一個人，每個人都有責任確保其他人都遵守標準。」這名年輕同袍做的一點都沒錯。我還記得他指正我時，我很羞愧，但是我也說：「你知道嗎？我絕對不會再那麼做了，我必須遵守所有人在這裡的標準。」我認為「對有權力的人說真話」能夠創造出一個空間……不只讓大家能夠自在這麼做，而且覺得自己必須這麼做。

徵求給予者

華頓商學院教授亞當‧格蘭特（Adam Grant）的《給予》（Give and Take）一書，讓我認識那項關於給予者

（giver，喜歡付出多於獲得的人）為何比索取者（taker，喜歡獲得多於付出的人）或互利者（matcher，付出與獲得維持平衡，或是交換條件的人）更成功的研究。格蘭特的書也探究為何一個全是給予者的團隊，會創造出高績效和工作滿意度較高的理想環境，讓工作場所變成一個大家喜歡來的地方。

　　給予者比較注重群體的成功，勝於自己的成功。這種思維能夠激發每個人信任的動機，創造一個無懼於剝削（索取者搶功），或報復（索取者立刻攻擊任何不是自己的點子）的環境，而能有足夠多的最佳實務分享。**那麼，要如何促進一個給予的文化？突顯並獎勵給予的行為；設定標準，以身作則。**在你的團隊之外，在組織給予其他領導者，幫助他們。同時，你要讓團隊成員容易給予。全部的關鍵在於環境設計，減少那些最有幫助的行為可能會遭遇到的阻力。一開始，先為成功設定較低門檻，讓給予的行為成為焦點，讓索求者感覺是時候改變或離開了。

　　我重視的另一件事是功無大小、大捷小勝都要慶祝。雖然我在職涯初期對這件事沒有放太多心思，但是為我自己、也為我的團隊慶功後來變成我的例行事項。為勝利慶祝成為我們團隊的重要活動，我會發信道賀我們團隊，表揚同事的重要勝利，然後請那個人分享他的成功方法。這不只能把功勞和眾人的掌聲歸給當事人，也能讓他們教導別人自己從過程中學到的課題。如果隊友能

從他們的成功得到收穫，運用在自己的工作上，就是每個人的勝利。如果有團隊成員不喜歡這種郵件，這是一種警訊，通常表示他們不願接受為團隊努力的挑戰。員工在自己的工作隔間獨自慶祝的時代，已經過去了。

我們也會在達到團隊目標時慶祝，每個月都會設定一個團隊目標，只要一達標就開派對。花時間慶祝是健康的活動，哈佛商學院的泰瑞莎・艾默伯（Teresa Amabile）曾為追蹤小勝利對績效的影響進行研究。她和她的研究團隊分析七家公司238個員工將近12,000則的日誌條目，發現追蹤小成就能夠提振自信、增加動機。[36]

如果你和你的團隊永遠只是埋頭苦幹，你很快就會錯失經營團隊的焦點，至於員工有更大的可能性會過勞，這點就不用說了。有害的工作環境影響的不只是你的信心，不但也會影響績效和出勤，健康不佳對雇主和員工來說都是成本的增加。如果你可以培養一群真心為彼此的成功高興的人、提升信任度，整個團隊會變得更同心協力，工作滿意度也會增加。

認知主宰一切

當你變成主管，最有趣的一項改變就是別人對你的認知。如果你是公司升遷的主管，這點特別重要；如果你被選出來領導你原來所屬團隊，這點更加重要。**無論你想不想，你一旦成為主管，你的觀點會和你還是個人貢獻者時不一樣。**為了有效打造你的團隊文化，你不能

忽視這個現實。

　　我是一個渴求反饋的人，我希望反饋愈具體愈好。當我說了什麼，要是有人不認同，我希望他們能夠告訴我為什麼，我想知道原因。我知道這些時刻是自我改進的機會，我印象中一直都是這樣。所以，當我新任主管職，我理所當然認為，團隊會知道我這一點並沒有改變，他們會繼續這樣做，但是我錯了！

　　有一次開團隊會議時，我對討論中出現的某個點子發表看法。我說出反饋意見，然後問團隊：「你們覺得呢？有更好的做法嗎？還是我們就這樣辦？」我真心誠意問這個問題，我的團隊看著我，然後點點頭說：「這樣很好。」我沒有多想什麼，就做了結論散會。

　　那天稍晚，和我特別親近的一名團隊成員私下來找我，跟我說：「我們遇到問題了！有幾個人對那場會議不大滿意。」「你說什麼？我問他們的想法，沒有人說話呀。」當時，我是真的不明白這兩件事怎麼可能同時成立：成員在會議上不表示其他意見，以及他們對會議不滿。

　　「萊恩，不是每個人都能自在對你表示不同意見。你是老闆。」聽到這個回答，我嚇了一跳。他們為什麼不能自在對我表示不同意見？我公開說過，我渴望一個協作的環境，大家可以說出心裡真實的想法，事情卻不是這樣發展。當我再多思考一下，我才發現這是我自己的疏忽。我的缺失在於沒有從他們的觀點來理解情況，原來團隊裡不能自在直言的人，都是從其他地方來的，他

們之前直說都帶來負面後果，於是他們選擇保持沉默，不想冒險重蹈覆轍。

　　顯然，我必須更仔細考慮到每個人的認知，理解他們為何會有某種感受，據此採取行動。一開始，這是辛苦的一課，但是逼我變得更好。請不要以為你已經擁有你想要的文化，不要以為每個人都能立刻自在地對老闆提出異議，即使你很清楚地請他們這麼做。人們的行為背後通常有其原因，身為領導者，你的職責就是去理解那些原因，盡可能以最有效的方法回應，讓整個團隊持續往前邁進。

打造團隊文化，你可以這樣做

　　對於想要開始打造團隊文化的新手主管，下列是我提供的三項務實建議。

　　1.）了解你的團隊。首要之務就是花時間與你團隊裡的每個人相處。如果你的團隊分散各地，這可能會是比較辛苦的工作。在接受主管職務之前，請務必知道這一點。初次會面時，你的目標是傾聽、了解，在個人層面上認識你團隊裡的每個人。你們的會面可以是正式或非正式的場合，你可以在上班時間／辦公室討論，了解他們的工作內容、他們的工作狀況，以及從事這份工作的原因、他們的經歷、對未來的想法等。請你務必和他們一起吃幾頓飯，不聊工作的事。認識他們是怎麼樣的人，了解他們的家庭生活、嗜好和興趣等。

2.）讓你的人了解你。請樂於分享關於你自己的事。大家一想到新主管，最大的恐懼就是不確定性。你可以開放自我，分享更多關於你自己、你的理念、你的家人、你以前的事，藉此緩和那份恐懼。了解你的團隊，也讓他們了解你，這些都需要付出時間和心力，還有一些思慮。但是，這些都值得，你的團隊如果不關心你，就不會在意你的管理理念或策略，如果他們不是確實知道你是從個人角度關心他們，他們就會漠不關心。

3.）對人要有溫度。在談到你的同事時，請不要用「人力資本」、「人員數」或「全職員工」這類的詞彙。他們每一個都是有名有姓的人，當你沿著管理鏈往上爬，領導的人愈來愈多時，也絕對不要忘記這一點。許多位居管理職的人可能認為，這項提醒看起來不但簡單、甚至可笑，但是它的重要性再怎麼強調也不為過。

如何處理抗拒

要建立可長可久的卓越文化，端看你是否有能力創造一個能讓大家願意卸下武裝、彼此信任的環境。當你賦予你的團隊權能，當你信任他們能夠執行任務、從錯誤中學習，你所創造的就是一個可以放心嘗試新事物、失敗、學習、再進步的環境。不過，說服你的老闆和更廣大的組織，給予你和你的團隊這種方式運作的空間，也是你身為主管的職責。

我知道，人有多麼容易認為自己被綁手綁腳、無能

為力。儘管困難，但是優秀的經理人會努力在企業內部創造自己的文化。一項關鍵就是，你要把你的團隊看成你的企業，為團隊內部發生的事負起責任，即使你們必須以一個更大組織裡的當責單位來運作。你無法控制團隊以外的事，但是你在你自己的場域有直接掌控權。亨利‧克勞德（Henry Cloud）博士寫了好幾本暢銷書，曾經擔任眾多執行長的顧問，有一次對我說：「你不能因為惡老闆，就讓你成為惡主管。你不能用那個當藉口。」[37]

如果員工在做一點小改變之前，必須經過幾十個人的同意，他們會連開始都還沒開始就先放棄。因為在這種情況下，什麼都不做還比較容易。放鬆你對團隊的控管，能夠化解這種障礙。但是，如果現在是你要面對上司給你這些障礙，你該怎麼辦？當你著手打造你的團隊文化時，或許會面臨官僚體制遇到變動時的龜步效應，又或者你的老闆可能完全不認同你想要建立的文化。這時，你該怎麼辦？

你對認知的體察就很重要。如果你要和一個沒有安全感的上司打交道，他可能覺得你和你的團隊文化對他是威脅，你千萬要對此有所察覺，並且調整。《人性18法則》的作者羅伯‧葛林（Robert Greene）告訴我：「絕對不能功高震主。」[38]你的職責是幫助你的老闆，讓你的老闆日子過得更輕鬆。如果你變成一個讓老闆傷腦筋的麻煩人物，或者總是給老闆惹是生非，這種不穩定的關係，到頭來只會讓你自己不開心；更糟的是，你可能

會丟了工作。

在與暢銷書《菜鳥學聰明》（*Rookie Smarts*）、《乘法領導人》（*Multipliers*）的作者麗茲・魏斯曼（Liz Wiseman）所做的一場訪談裡，我拿這個問題問她。[39]她在訪談中談到關於做一個乘法領導者，而不是除法領導者的種種，我問她：如果你的老闆是個喜歡貶低別人的除法領導者，你該怎麼做？她說，她會先思考他們一開始為什麼會這樣，這有助於她變得更有同理心，因為她理解到，他們可能在人生中遭遇過一些困境，所以展現現在這種行為模式。

除了基於同理心的理解，你也需要策略思考和溝通。傑出的經理人了解，身為團隊領導者，自己的角色就是為團隊的想法做內部行銷，讓大家知道這個團隊為什麼會這樣運作。這能為團隊爭取到更多的自由和權能，減少來自高層的干涉。這不表示你要犧牲誠正，隱藏你在做的事，或是拍老闆馬屁。我認為，最好的辦法就是讓他明白，你領導團隊的方法最後有助於他的日子過得更輕鬆，能讓他成為他老闆眼中的績優主管。

你身為領導者的職責之一，就是確實向你的主管傳達你在做什麼，以及為什麼你要那麼做。請你務必確認你的老闆了解你的領導風格，以及為什麼那樣的帶人模式能夠達到高績效。你還要表達你的感謝，告訴你的老闆：「謝謝你不斷給予指導和反饋，願意為我的團隊創造一個可以成功的環境。」把功勞歸給你的老闆。

觀念精要

- 人就是一切。

- 讓你自己身邊圍繞著一個有能力的團隊，賦予他們成功的權能。

- 創造一個有心理安全感的職場環境，學會充分授權給每個同事，讓他們可以主責工作。

- 微管理無法擴大規模。讓你的團隊盡情發揮，成效勝過你自己殫精竭慮、單打獨鬥。

- 打造文化最重要的三項元素是：信任、脆弱與自主。

- 建立信任最迅速的方法，就是勇於展現你脆弱的一面。

- 授權高潛力的同事，讓他們帶領訓練和指導課程。

- 基於信任授權、有效分派任務，能讓你的團隊減少瓶頸，加速成長、提升績效。

- 你不能任由惡老闆讓你變成惡主管。你不能用你的老闆當作藉口。

行動方案

- 請你按照這三個類別，寫下你人生中遇到的五個重要的人，思考一下他們帶來的影響：（1）前輩——你仰望並尋求建議的人；（2）平輩——和你道路類似、你可以坦誠並以不批判的態度說話的同儕；（3）後輩——那些你教導／指導／輔導的人。

- 從你的團隊挑出三個人，請他們領導即將來臨的訓練課程。和他們一對一開會，討論主題、期望的成果，了解他們打算如何傳達課題。幫助他們做好準備。

- 建立一個行動檢討架構。針對最近一次的績效事件，例如：某件銷售、產品開發或行銷活動等，進行一場檢討會。

- 與你的老闆談談。安排和老闆會面，你唯一的目的就是向他學習。請你準備好問題，並且後續追問請益。

4

打造團隊陣容

最重要的問題，不是你職涯的下一步是WHAT，而是WHO
——在你接下來擔任領導者的那個單位裡，誰是你要照顧的人？
你要照顧你的人，不是照顧你的職涯……。
只要盡力找到卓越人才，就不必費心去想WHAT的答案。
——詹姆・柯林斯（Jim Collins），
《紐約時報》暢銷書《從A到A⁺》（*Good to Great*）作者
（《學習型領導者》第216集）

選才的力量：有人斯有財

身為主管的你（無論你剛當上主管，還是管理經驗豐富），最重要的決策就是關於團隊選才的決策。讓你的身邊都是優秀人才，這是你身為領導者成敗最重要的單一決定因素。史上最暢銷的商業書之一《從A到A⁺》作者詹姆・柯林斯在接受我的訪談時，直白表示：「『WHAT』排第二，「『WHO』永遠是第一。」[1]

我父親在我的職涯早期就曾告誡過我：「雇用、訓練、栽培對的人，能讓你在你那一行名利雙收。用錯人，會讓你又蠢、又窮，還會失業。」雖然聽起來很刺耳，但我明白這是真的。**要好好打造你的團隊，就需**

要準確分析你現在有什麼人才，正確辨識你需要什麼人才，並且真正理解你在任務所需的簡單技能之外，還需要尋找什麼人才。

關於切實了解你要找什麼樣的人加入你的團隊，一個很好的例子來自NASA進行最偉大探險的那段時期：阿波羅計畫的登月任務。在阿波羅11號登月任務和阿波羅13號救援任務這兩項歷史重大事件發生時，綽號「基因」（Gene）的尤金・克蘭茲（Eugene Kranz）是休士頓任務控制中心總監。他曾說，阿波羅團隊是「不會失敗的團隊」。這個團隊的成員之所以雀屏中選，是因為他們的樂觀特質。

「樂觀是一種集體結構，一種立足於現實與理想的複雜組合的世界觀。」[2]阿波羅團隊把人置於脅迫壓力下進行研究，研究這些人與他人溝通的能力，研究他們處於嚴重逆境時的反應。如果受訓人員無法妥善因應困難，很快就會被淘汰。到了訓練尾聲，克蘭茲說：「這個團隊已經凝聚起來，我們已經發展出在危急關頭時彼此互補的能力，而且我們有非常正面的態度，即使只給我們幾秒鐘，也能解決任何問題。」[3]

1970年4月13日，當阿波羅13號太空船因液態氧瓶發生災難性的爆炸，必須取消登月任務時，休士頓任務控制中心和在外太空受困於故障太空船的機組人員之所以能夠解決一連串幾乎無解的問題，靠的就是內建於團隊的那股「集體樂觀」。四天後，吉姆・洛維爾（Jim

Lovell）、弗萊德・海斯（Fred Haise）與傑克・斯威格特（Jack Swigert）這三位太空人安然降落在太平洋。排除萬難引導他們返回地球的，是克蘭茲和在休士頓其他「集體樂觀」團隊成員。如果NASA只是單純根據數理能力雇用工程師，就不可能克服這種困難。

即使你從事的行業與解決生死攸關的問題無關，對於團隊人選專注投入大量心力，仍是你的重要任務。我們看過無數領導者用錯人，結果任期幾乎都不長。至於那些善用人才的領導者呢？他們有很高的機會能夠長時間保持卓越表現。為團隊增添動機強、適任的優秀新成員，能讓你放一百個心，讓你比較可以高枕無憂，真正一夜好眠。若是團隊多了一名表現差勁的員工，或是讓一名表現差勁的員工繼續留在團隊，會讓你的工作更加困難，你晚上睡不好覺，而且成為公司真實的成本負擔。**領導者要投入心力和時間的事情，沒有什麼比用對人手更重要。**

經常有商學院學生向巴菲特請教怎麼找同事，他列出三項特質：「才智、幹勁和正直。如果他們不具備第三項特質，擁有前兩項也是枉然。我告訴他們：『這裡的每個人都有才智和幹勁，不然就不會在這裡。但是，正直取決於個人，這不是與生俱來的特質，學校也沒有教⋯⋯。不誠實、吝嗇、刻薄、自大，所有人不喜歡的特質，都是你自己決定要如此的⋯⋯。它們都是選擇。有些人認為，讚賞是裝在一個小罐子裡的限量品，罐子在眾人之

間傳來傳去，只要別人從罐子裡拿一些出來，剩下來給你的就會變少。但是，事實正好相反。』」[4]

麥可克里斯托將軍與巴菲特所見略同：

> 有時你成功是因為你夠幸運，有時你失敗只是因為你倒楣。因此，你比別人富有、獲得升遷，或是你所擁有的任何事物，不一定與你有多努力或多優秀直接相關。然而，你的品格操之在你。你可以決定自己是否要誠實，也可以決定自己是否要忠誠。你可以決定如何看待你的職責，決定哪些是真正重要的事物，不能任人奪取。詹姆斯・史托戴爾（James Stockdale）、約翰・馬侃（John McCain）等人教導我們，即使身處於像河內希爾頓飯店事件那樣的可怕境地，如果你可以忠於你的品格，就能堅守你的本質，沒有人可以剝奪。[5]

麥可克里斯托將軍慷慨地邀請我，與他在耶魯所開設的領導課的學生，一起去蓋茨堡之役的聖地一遊。同遊的兩日期間，我們從將軍和他幾個充當導遊的朋友那裡，學到很多關於這場戰役的歷史。不過，有道課題讓我印象特別深刻，那就是「真正的教訓是……無關乎戰術、無關乎策略，人永遠是最重要的。」

管理你承接的團隊

你可能得到的管理角色，幾乎都有一個現成團隊在等你。除非你的職務是打造一支全新團隊，否則你沒有那麼多空間（也要看上級是否有那麼多耐心），可以打

造一支人員完全由你挑選的團隊。你要接手的團隊很可能是高績效者、低績效者和中績效者的組合，要知道如何分辨他們的差異，你要做的不只是看表單。

你需要準備一個架構，評估現在的團隊、他們的價值、他們的績效、他們的動機強弱，以及其他你想要打造文化的關鍵特質。主動了解這個主管職位為何出缺也有幫助——前任主管是因為績效不好被開除嗎？還是因為表現優異而高升？知道這個職位空出來的原因，有助於你更準確評估情況。

麥克・瓦金斯（Michael Watkins）在《從新主管到頂尖主管》（*The First 90 Days*）一書裡，談到承接現有團隊的主管會面對的挑戰。我與瓦金斯做訪談時，他談到初任主管接手現有團隊的人會犯的一些嚴重錯誤，最大的一項就是：急著對團隊成員的陣容發揮影響力，沒有在穩定與變動之間求取適當平衡。「要重新建立你承接的團隊，就像在飛航中途修理飛機。如果你忽略必要的維修，就到不了目的地。但是，你也不要做太多太快的嘗試或變動，以免飛機承受不了而墜毀。」[6]

在你評估新團隊成員的性格和技能時，但願你可以一眼就發現誰是應該留用的成員——他們不但展現你想要看到的特質，也是高績效工作者，具備智識上的好奇心，遵守工作倫理、受教、充滿活力，而且為人正直。他們是團體的影響者，也是團隊的領導者。身為新主管的關鍵任務，就是確保他們「感受到關愛」，我的意思

是你要很快向他們發出訊號，讓他們知道你知道並理解他們的價值，以及他們的價值對於團隊成功的重要性，並且讓他們在團隊裡可以當家做主。

你可以安排時間與他們一對一開會，詢問他們的想法，請求他們協助。你自己在某個職涯階段或許也曾是高績效的個人貢獻者，回想一下你換新老闆時的情景，他們如何處理這種情況？他們是否包容你，讓你覺得自己被當成團隊領導者般獲得重用嗎？如果這不符合你的經驗，請回想一下那是什麼感受，並且努力避免讓你接手的團隊的 A 級巨星有那樣的感受。

從一開始就失去現有團隊領導者的接納，可能親手葬送你打造持久卓越團隊的機會。他們是團隊的領頭羊，這個環節一沒做好，頂尖表現者或許不會立刻辭職不幹，但更有可能發生的情況是：他們會開始另謀發展，對於手頭工作只會投入足以保住飯碗的時間、心力和專注水準，不會再多。這是團隊緩慢穩步邁向衰敗的配方，卻是一個完全可以避免的錯誤。

用人不是憑感覺，你要尋找什麼條件？

為了打造適當的團隊，你得先釐清你最看重的條件為何。職務的特殊要求，當然也是重要條件，但是召募主管都太常把重點放在資歷要求，彷彿這是用人決策最重要的依據。更糟的是，有時那些條件被視為唯一重要的面向。採用這種方法是大錯特錯，如果用到優秀人才也是純

屬運氣。比起你可以在好幾個求職者身上看到的，或是透過有效訓練就可以培養的具體技能，更重要的是一個人是否具備能在你的團隊裡成為完整資產的條件。

你必須用心留神，才能夠真正用對人。與我諮商的領導者，我都會建議他們這麼做：與你的個人顧問團坐下來（也就是我們在第1章討論的那群可以信任的導師），研擬一張清單，列出你認為「必備」（也就是「不容取捨」）的特質。不要只是列舉籠統的美德，為了讓這張清單成為雇用流程的有效指引，你必須爬梳每項特質之所以對你和你的企業重要的原因。下列是我在為我的團隊尋找新人手時的價值清單，項目排序不是按照重要性：

☐ **工作倫理**。具備努力工作以達到卓越表現的意願和資歷（常見於運動員、退役軍人、移民，以及年紀輕輕就必須賺錢養活自己的人，例如：靠著兼兩份差讀完大學的人。）

☐ **韌性**。在人生艱困時期刻苦奮戰的能力，在被擊倒時還能夠重新站起來。

☐ **謙卑**。願意開口求助，不認為自己知道所有事，並且持續與更聰明的人為伍。

☐ **好奇心**。不只尋求資訊，擴充自身的知識基礎，也有理解資訊的智慧。他們想要知道為什麼，也有定期會面的導師。

☐ **自覺**。有自知之明，願意誠實正視、評鑑自己的工作能力水準。他們有了解自己的方法，包括：導師、評

量、日常作息會安排時間思考、寫作、反省、學習、
成長等。

☐ **樂觀**。他們相信，如果持續努力下去，會有好事發
生的。他們的特點是：總是對世界抱持正向觀感
（pronoia），相信全世界會結合起來幫助他們。這與總
是對世界抱持負面觀感（paranoia）恰好相反，也就是
相信全世界都串謀起來要對自己不利。

☐ **活力**。保持對生活的熱情。只要他們一出現，就能讓
現場的能量為之一振。他們不一定是交際高手，甚至
可能也不是外向的人，但是具有吸引人的特質。

☐ **受教**。這就是為什麼我會錄取這麼多退役運動員或退
役軍人的原因，他們相當習慣接受指導，因為他們有
接受嚴格指導的經驗。

☐ **有效的說寫能力**。大部分的工作都需要適當的寫作和
語言溝通能力，這不應該是用人的其中一項條件嗎？

☐ **盡責**。各段資歷的累積時間是否夠長，足以有一番成就？

☐ **慎思**。會花時間思考、反省，分析自己和他人的言行。

☐ **有目標**。他們的選擇有其目的，不會過著隨便的生
活，然後說：「喔，好吧！」當然，他們仍有隨興的
一面，但是總會把事情做好，並且知道自己為什麼要
那樣做。簡言之，他們是講求行動的人。

☐ **自信**。他們的自信，來自生活多個面向的真實成就。
他們相信自己通常可以應付各種情況，只要執行、做
一些調整，他們就能有所成就。不過，自信和虛張聲

勢或自我膨脹不同，請別搞混了。

　　你應該發現，這張清單不算短。人類是複雜、多面向的生物，要考慮的不只是少數幾項概括性的特質。不過，我不會拿著這張清單對求職者打分數，盤點他們符合其中幾項，並且預設一個合格的門檻分數。當我召募新的團隊成員時，我的著眼點既不是純粹的適性，也不是完美的程度，這兩個極端之間難得的相容性，才是我的目標。

　　與彼得・提爾（Peter Thiel）、馬克斯・列夫琴（Max Levchin）和伊隆・馬斯克（Elon Musk）同為「PayPal幫」的科技創業家暨投資人凱斯・拉博伊斯（Keith Rabois），以其在PayPal、LinkedIn和Square等企業早期階段的投資和經營管理所扮演的角色而廣為人知。他在Yelp和Xoom還沒有上市之前就投資，並在董事會任職。他就如何召募優秀的領導人分享想法，我認為這些想法很能反映他的經驗：

- 評估他們是否像老闆一樣思考。他們能夠承擔錯誤嗎？他們會輾轉難眠，想著要是自己是執行長，會有什麼不一樣的做法嗎？
- 他們有策略思考的能力嗎？是否清楚記得你完整的營運方程式，甚至想出你不曾想到能夠移動某些變項的新槓桿嗎？
- 他們的優勢符合公司的重大風險所需嗎？他們能夠增加領導團隊的風格和背景的多元性嗎？

- 他們能夠吸引人才嗎？他們能夠帶進比自己更優秀的人才嗎？[7]

　　遇到尋求最佳指引的新手領導者，我會與他們分享這些建議。全球頂尖的商業人士如何評估領導者？他們為什麼要尋找這些特質？一如NBA「小飛俠」柯比‧布萊恩（Kobe Bryant）說的：「理解他人的旅程，能讓你從中找到力量，幫助你創造自己的旅程。」[8]

弭平性別差距

　　蓋洛普執行長吉姆‧克里夫頓（Jim Clifton）與工作場所管理與健康首席科學家吉姆‧哈特（Jim Harter）在合著的《經理人手冊》（*It's the Manager*）一書中特別指出，蓋洛普的研究顯示，性別比例平衡的事業單位（也就是男女比例接近50／50的事業單位），財務績效明顯優於團隊成員性別組成偏向任何一方的事業單位。結合性別比例平衡與高敬業度的文化，就能放大這些利益。根據克里夫頓和哈特的說法，性別比例平衡為何能夠提升營運成果有幾個原因：

- 性別比例平衡的工作群組，有更強的能力完成工作，滿足顧客的需要。
- 平均而言，女性比男性更敬業。
- 相較於男性經理人，女性經理人與員工的互動通常更深入。[9]

　　如果你想要勝任管理職，請務必留意打造一個性別

比例平衡的多元團隊。

你的團隊值得嗎？

業界對你們組織做何評價？它的文化是什麼？大家有多了解你和你的價值？你們團隊在組織裡的名聲為何？你們團隊的品牌為何？績效一流的領導者會思考這些事，並且用心打造一個大家都想要待下去的團隊和環境。你的團隊的每個人，都是團隊的行銷人員，每個人都是召募人員，可以協助尋找優秀人才加入團隊。就像蒙格說的：「要怎麼娶到好牽手？先讓自己匹配得上。」你的所做所為，值得高素質的人才為你們團隊效力嗎？

如何找到夢幻神隊友？

定義出你最重視的神隊友特質之後，接下來是更困難的部分：如何準確評估候選人是否真正具備那些特質或技能。直接問：「你是謙卑的人嗎？」，不見得能夠獲得真正的答案。那些問題通常只會問出候選人相信你想要聽到的答案，關於面談技巧，你應該知道下列幾點：

1. **面談是人選展現最佳行為的時候。**如果他們面試遲到，那是一個很大的警訊了，顯示他們可能有守時方面的問題，如果對方真正加入你們團隊，你可以預期會發生什麼事。如果他們連面試都無法準時到，等到他們上任、對一切都駕輕就熟了，你準備好更常看到他們遲到。

2. **讓他們脫離面試模式**。帶對方去吃午餐或晚餐。在辦公室走動一下，輕鬆談話。如果面談時間有限，那就要靠身為面試官的你發揮創意，試著認識這個人真正的樣子。我曾是求職者，也曾是面試官，當我考慮一份新工作時，我會希望和我未來的主管在辦公室外見面，看看對方是個什麼樣的人。我會注意他們如何談論別人（在別人背後說壞話是壞主管的重大警訊）、他們是否具有強烈的好奇心、是否真的聽我說話、有多頻繁看手機……諸如此類的。也就是說，讓他們在處於較放鬆的狀態時，在他們因為「沒有在面試」而放下防衛時，留意觀察他們的言行舉止。你應該試著了解身旁的人的真實面貌，不是只看到他們身為團隊「主管」或「員工」的樣子。

3. **挖深一點**。大部分的求職者都會準備基本的面試問題，最厲害的面試官會把重點放在追問的問題上。如果你請求職者描述他們如何克服人生中的逆境（如果你把這點列為職務的重要特質），不要只是聽完對方準備好的故事，就繼續進入下一題。相反地，你要進一步追問。你可以問對方：「為什麼？接下來發生什麼事？然後呢？又發生什麼事？你從那些事學到什麼？」關於面談，我學到很多，有的是我身為召募主管時進行許多工作面談的心得，有的是向我在播客節目訪談的三百多位來賓身上學習

的。無論來源為何，真正有價值的資訊，無疑都是從第二或第三個追問的問題中出現的。只用第一個問題就挖到寶的情況，少之又少。

你應該問哪些面向的問題？

你在面試提出的問題，都必須與你想要找到的特質相關，這點很重要。你問的每個問題，都應該有其用意。根據我重視的特質，下列是我在面試時，問過求職者的一些相關問題。

• **韌性。**「談談你曾經失敗、迷失或掙扎的經驗，你當時是如何回應的？」一旦他們說出自己的故事（大部分求職者都對這個問題有十足的準備），就輪到你繼續追問。你可以問：「為什麼？接下來發生什麼事？那對你造成什麼影響？你現在的做法因為那件事有何改變？」繼續追問，因為你在尋求的不單是回答你的問題的故事，而是求職者是否真正把經驗課題內化，成為待人處事的一部分。

• **好奇心。**「你現在是否對什麼事著迷？你正在學習什麼？你最近學到什麼事物，讓你真正覺得興奮？你最近讀了什麼書？在工作之外，你還對什麼感興趣？」我想要了解他們是否真的具備智識上的好奇心，具有大膽尋求知道更多、理解更深的渴望。這種特質之所以重要，是因為所有職務都在不斷變動中，如果他們能以好奇心去因應每個變動，那麼他們的學習、進步和成長的

能力也會跟著增加。

　• 受教。我會請應試者分享關於反饋的經驗,退役運動員和退役軍人在這個領域的表現通常特別突出,但是運動界或軍隊並不是人們唯一得到指導的環境。我會說:「你能舉個例子,說明你如何受益於教練／導師／主管嗎?你如何在工作之外,主動向主管以外的人尋求反饋?」我想要渴望反饋、希望自己變得更好的人。他們會主動尋求反饋嗎?那是我所希望的。

　• 有效的說寫能力。我通常會請對方提供寫作樣本。我會說:「能請你讓我看一下你過去做的提案嗎?你在網路上發表過文章嗎?或是簡報檔?」有時,我會給求職者出作業,請他們在面試前完成,包含口說與寫作題,因為我想要看到他們的實際工作成果。今日大部分的職務,成為有效的溝通者都是成功的關鍵技能。我們經常寫電子郵件、在會議上做報告,必須要能夠講述故事,以及我們團隊的故事。團隊中若有強大的說寫高手,是大大的加分。

　• 樂觀／活力。這是你從講電話、對方進門、如何與櫃檯人員打招呼的那一刻起,就可以開始評量的特質。(我十分建議向櫃檯人員打探求職者的態度,從一個人如何對待他們認為不需要讓對方留下好印象的人,你可以了解關於這個人的很多事。)我想要共事的人是相信所有事情都會順利,能為辦公室和團隊注入正能量的人。沒人想要待在暢銷作家強・高登(Jon Gordon)說的

「能量吸血鬼」的身邊，[10]我們都想要與能讓整個房間亮起來的人為伍，這是你和對方真正相處時就可以感受到的特質。詢問推薦人或檢視他們的社群媒體，也是判斷相關特質的有效依據。

你也得做好功課

當我和徵才主管談話時，若是發現他們沒有聯絡推薦人，或者只照會一兩位，都覺得很訝異。**關於你要讓誰加入你的團隊，這項決策值得你花時間和愈多你知道認識候選人的人照會愈好。**而且不只是他們列為推薦人的人，你可以用LinkedIn查一下他們在過去的工作上和誰有關聯。和那些人聯絡，探聽更多的訊息。

我和布萊恩・考波曼（Brian Koppelman）聊到他如何組成熱門影集《億萬風雲》（*Billions*）的製作團隊。在我們錄音之前，他帶我參觀他們的辦公室。我們在參觀各個「寫作室」時，我很快就注意到，這是一個高度協作的環境。它不是開放的辦公空間（關於開放空間是多麼沒效益，我們已經聽過很多），而是有著許多房間，可以讓小組順利工作的地方。

我問布萊恩，他如何挑選一百五十個影集工作人員？他是這麼說的：「首先，我們有一條對混蛋零容忍的守則。如果你不是親切、和善、能夠與人共事的人，不管你的才華多麼洋溢，我們都不在乎，不會讓你參與我們的工作。然後，由於我們需要這麼多人，我們真正

用心投入召募幾個關鍵領導者。在那些位置上，我們必
須用對人，因為他們要負責找到團隊的其他人。我們信
任那些人會做出優質的用人決策，補足團體的職缺。」

　　身為影集共同創作者和執行製作人，布萊恩沒有親
自召募每個人的時間和心力。我問了更多關於那些關鍵
領導職位的召募相關細節，他說，他們會與人選多次見
面，正式面試或非正式的晚餐都有，還有「喔，對了！
我們聯絡了一大堆的推薦人。向那些曾經與他們共事的
人打聽，確認我們沒有找錯人。」

　　**對於你認真考慮錄取的人，你可以搜尋一下，了解
他們使用社群媒體的情況。**看看他們的發文，他們過去
兩年都發了哪些訊息？他們的公開言談，會讓你為團隊
網羅他們而感到自豪嗎？當你用了那個人，他就代表你
們團隊，社群媒體上的貼文也是如此。過去或許沒有這
種做法，但現在絕對有必要。這個人會代表你們團隊和
你們公司，他過去的績效和行為是未來績效和行為的優
良預測指標，在社群媒體上的貼文內容也是一樣。

你要有能力開除，進行必要調整

　　要擁有一座滿是豔麗玫瑰的花圃，需要的不只是栽
種、施肥、灌溉，然後笑看滿園花朵綻放。健康的成
長，也需要不時修裁。因為注重玫瑰花叢能夠長期健康
成長，才需要拿起剪子，修裁正在成長的植物。雖然修
剪當下可能很痛苦或捨不得，但這是要讓花叢健康成

長、花朵盛開的必要行動。你帶團隊也是如此，儘管遺憾，但是開除別人、請對方離開，有時卻是必要工作。總會有些時候，讓團隊保持卓越的唯一方法，就是告訴某個人，這裡不是他們可以繼續留下來的地方。

對於任何新手主管來說，這確實是最困難的工作之一。當改變勢在必行的訊號清楚浮現，你會發現自己在相互矛盾的情緒中不斷拉扯：你希望被開除的員工還是喜歡你，你希望他還是把你當朋友，但你又想要團隊其他人尊敬你；你希望自己不像以前遇過的刻薄老闆，但你又想要你如此努力建立的團隊文化，能夠一直維持住期望和標準。

在團隊管理的各個面向，這無疑是我最不喜歡的部分。但是，擔任主管職，你一定會遇到要做這件事的時候，因此你有必要了解如何妥善做好這件工作，下列是重點分享。

不應該突然告知

工作表現不合格被開除，不應是突如其來的事。如果你的員工因為表現不佳必須離開團隊，如果他們聽到這個消息時感到震驚，那表示你沒有盡到擔任教練或領導者的責任。員工第一次當面聽到你說他的工作表現不合格的場合，絕對不會是在你要開除他的會議上。這樣的場景對當事人非常不公平——這聽起來很合理，卻還是經常發生，而且頻率高得嚇人。這樣的處理情況也涉

及潛在的法律風險，公司只要有任何一絲處置不當，就會因錯誤的解雇而官司纏身。從事態不對的那一刻起，就應該建立紀錄，試著與同事溝通清楚。

大部分的人都不喜歡給別人批判的反饋，因為需要擔心會傷害關係。許多經理人選擇的解決辦法就是完全不動聲色；更糟的是，有些經理人雖然會告知對方不符期望，但是為了避免引起不愉快，他們用的語言太過溫和，結果因為內容太籠統而無法產生任何助益。聽到主管說：「你的工作做得不夠好，需要改進」，當然是事情不對勁的警訊，但是這樣的反饋沒有傳達需要改進的具體事項，提供具體的改進方向。這是最糟的結果，因為主管自認為已經給予差強人意的員工清楚的反饋，如果從這時起，同事的表現還是沒有改進，就會被當成缺乏努力意願或能力的證明。

處理這件事的適當方法就是，從第一天、一開始，就對團隊的每個人說清楚，你的職責就是擔任他們的教練。教練不會只給正面反饋，好教練在個別合作、在與團體合作時，都會完整說出觀察和感想。除了表明這點，你也必須承諾，你的反饋會求取平衡，會出於善意（我關心你，我希望你能有最好的表現），成為你和同仁持續對話的基礎，你不會只給壞消息。如果你用對人，他們應該會更尊敬一個願意給予平衡反饋的主管，勝過一個給予與績效無關的空洞讚美的「啦啦隊」主管。人們不喜歡不確定性，一般都會想要知道自己的表現如何，你要明確告

知，確定每個人隨時知道自己的表現狀況。

等到必須開除某個員工時，你應該已經有某種績效相關紀錄，能夠具體指出對方哪裡不適任，還有（也許更重要的是）具體的改進步驟，以及他必須展現哪些可以衡量的進步。理想上，這些都應該做成書面文件，按照公司規定，由你、該名同事和人資部門的人共同簽署。那名處於及格邊緣的同事，應該定期得到你的個別關注，評估最新表現是否跟上計畫進度。這麼做的目的，不是為了給他們施壓，而是要讓他們看到，你個人投注時間和心力幫助他們改進。開除一個人是一項重大的責任，做起來絕對不會愉快或起勁，這應該是你的最後辦法，真的無計可施了才能採用。

找你信任的夥伴參與

不要單獨做這件事。你可以定期與親近的導師討論，每週與人力資源部門的夥伴開會，務必確定你沒有錯過任何可能的細節。你要顧及開除員工要遵守的法律或政策規定，也要秉持信實，努力幫助及格邊緣的同仁避免被開除的命運。這是一份重擔，只要在公司政策許可的範圍內，不要嘗試獨自承擔。

準備腳本

在開除會議上吞吞吐吐，可能會造成不良的後果。員工根據主管不該在最後一場會議上說的話對公司提

告，這種事並非罕見。**寫好你的腳本，給人資部門看過，也讓你的導師過目。一旦確認正確，就要緊跟著腳本走。**雖然我一向主張要有溫度、坦誠而真情流露，開除會議卻是你應該留意自身情緒的場合。

　　下列是在這樣的會議裡不應該說的兩句話，無論你有多麼想說：

- 「我完全理解你的感受。」你不應該說這句話，因為不是真的。你不會知道他們真正的感受，所以不要說你理解。即使你之前曾經被開除過，但是開除會議不是嘗試找出共同點的那種會議。

- 「我知道現在這看起來很糟，但是從長期來看，它是最好的安排，你最後會感謝我。」不，在這種時刻，不是告訴別人往好處想的時候。被開除通常會讓人產生慚愧、難過、恐懼和憤怒的感受，那很正常。請按捺住你想要引導對方產生其他感受、採取不同觀點的衝動。像這種消息，需要時間消化。幫助別人的最好辦法，就是給他們時間消化。不要嘗試催促他們趕快走過情緒的歷程，你應該幫助他們盡可能迅速從容地離開辦公室，讓他們可以開始用自己的方式消化這件事對他們的涵義。長期而言，這件事最後或許真的是對他們最好的安排，但是那個當下並非長期，正在傷人。

該怎麼做？

直接、切中要點，而且要盡快傳達。「我們今天在這裡，是因為我要告訴你，你不再屬於這個團隊，原因是⋯⋯。」可能的話，確切指出原因。如果原因是對方欺騙、偷竊或有不道德的行為，就要如實告訴對方。如果他們是績效計畫的受評者，沒有達到設定的目標，那麼這場會議對他們來說應該就不會太突然。

讓必要的他方參與這場會議，最起碼你應該邀請一位人資夥伴在場，一方面他可以在你亂了陣腳時導正你，另一方面也可以當會議進行的見證人。如果你認為這項消息可能會引發敵意反應，有時你甚至需要一名公司警衛在場，我自己就曾經這麼做過。

一旦你傳達完消息，人資也說完他們要說的話，就結束會議，送當事人離開辦公室。不需要讓會議做沒有必要的延長。如果他們的辦公桌有個人物品，讓對方知道你會把所有東西打包好寄給他。雖然這聽起來很刻薄，甚至有點誇張，但是採取這個做法，能夠保護你免於憤怒員工（現在已經是前員工）因為情緒激動，覺得事已至此公開宣洩也無所謂而大吵大鬧的場面上演。那樣對任何一方都不好，剛被開除的員工事後多半會後悔，其他同事也不應該因此被打擾（這是最好的情況），或是因為不安全感而感到恐懼（這是最壞的情況）。

我在這件事上有慘痛的教訓，有一次我沒有當機立

斷，開除一個沒有達到預定績效目標的員工。她是位單親媽媽，完全靠這份工作收入養活自己和孩子。我一直拖延這個決定，因為我知道這個決定會剝奪她的生計。我等了又等，而我其實不應該一再拖延。那場解雇會議糟透了，她覺得很迷惑。「萊恩，根據績效計畫，我應該要在幾個月前就走路了。既然你那時沒有那麼做，我以為你從此都不會再提。」那是我的錯，由於我遲遲沒有採取行動，讓她誤以為期望和規定已經改變，她也已經進步到可以不必失去工作。聽到事情不是這麼一回事，讓她既困惑又傷心。

那一刻，我也失去團隊對我和我的領導能力的尊敬。我在變動決策上的拖延讓他們看到，我是一個面對艱難但必要的決策時會軟弱的人。他們覺得我感情用事，犧牲了整個團隊。我逃避主管職責裡令人不舒服的部分，在迴避難受情緒的同時，增加了他們的負擔，以彌補我容許留在團隊裡的那個人在績效上的不足。到頭來，要求別人達成一開始為了讓他們進步而設計的計畫，並且為沒有達成而承擔責任，才是對當事人與整個團隊最好的做法。如果沒有做到這一點，團隊會注意到你不是一個要求當責的領導者，這會傷害你所希望的卓越文化的前進。

此外，那個績效不佳的人，也不會再敬重你，即使你對他網開一面。你讓自己變成一個沒有說到做到的人。儘管困難，但是言行一致，才是最好的行動方案。

研擬計畫、執行計畫，要求當責。如果他們沒有善用你為了幫助他們進步而投入的時間和心力，那麼就是他們該離開的時候了。

高績效人才的弔詭

打造並領導高績效團隊，是你身為主管成功的門票。如果你曾經帶過團隊，無論時間多長，你會知道這是一項多麼困難的挑戰。了解你在尋找什麼樣的人才，掌握一套有紀律、自我檢核的執行方法，你可以相當熟練地找到優秀人才。真正優秀的高績效人才是稀缺珍寶，團隊裡有這樣的人才，即使只有一兩個，都能顯著提升團隊表現，大大超越原來可能的水準。但是，這樣的人才難尋，即使有幸找到，這種新高水準的成就，也會帶來新的管理困境：一是、你要如何留住真正優秀的同事；二是、你是否應該拚命留住他們（這就是弔詭之處）。

當經理人有如中樂透般找到優秀員工，也下了功夫指導他們達到真正卓越的表現，失去這樣的人才意味著要全部重新來過。我在當業務主管時，有個你可以相信他會月復一月不斷交出超標成績單的同事，不但讓我有餘裕更加投入工作，也讓我有更多時間指導其他還在摸索中的同事。少了那位高績效同事每個月的成績，要更拚命努力的，可不只有我這個做主管的，每個人都要辛苦。

但是，就像你想要追求成長和更好的職涯發展，承擔責任更重大、財務報酬更優渥的職位（無論是公司內

部或外部），你團隊裡表現最好的超級巨星也有一樣的想法。當好員工想要另謀高就時，經理人往往會極力慰留，這點很容易理解。這種欲望有時能讓你給予對方明智的建議，因為不是每個「看起來更好」的機會，都是真正最好的下一步。當主管反對高績效同事離開、追求新機會時，很容易會用這是為了對方好或團隊好等說辭來包裝抗拒，但其實真正的考量點往往在於領導者顧慮的是自己的成功能否延續。

我曾向領導力大師、《先問，為什麼？》的作者賽門・西奈克（Simon Sinek）請教這個問題：「為什麼要當領導者？」我的意思是：為什麼要自願承擔領導職的重擔和責任？他只用一句話回答我的問題，這句話的簡潔直接打中了我：「如果你喜歡看別人成功，那就是你成為領導者的原因。」[11]在我的與談來賓中，沒有幾個能夠說出如此讓我五體投地的話，直指核心。

我相信，願意接受領導的責任（和利益），就是自願關心你領導的人的成功，勝於關心你自己的成功。**就像良好的親子教養，是為孩子做好成長的準備，讓他們不斷超越自己，日後有能力離家完全獨立，成就更重大、更美好的事；企業領導者也知道，在某個時點失去表現最好的員工，也是我們身為領導者的工作之一。**

有時，留住頂尖人才的最好方法，就是幫助他們離開你。與其想辦法說服或阻止頂尖人才離開，不如試試不同的方法：幫助他們。如果你著眼於幫助他人達成他

們想要的，你會發現，這麼做反而能夠幫助你得到你想要的。當組織裡的其他人看到你創造一個人們想要進步、變得更優秀、最後得到升遷的園地，你找到新的優秀人才的機會就會增加，因為優秀人才會想要加入你們團隊。

身為領導者，真正讓我感到自豪的是幫助我帶的人做到這兩件事：

1. **達到得獎水準的表現**。在同儕面前得到肯定，對大部分的人來說都是令人滿足的體驗。身為專業銷售人士的我，在幾次贏得公司的卓越獎項時，就曾感受到這種狂喜，得獎對我來說極具激勵作用。被點名上台為一年辛勤的工作接受表揚，滿懷歡喜地與同事互擁，那樣的情景我仍然記憶猶新。除了公開表揚，公司還送了我一份大禮，那就是由公司全額買單的出國旅遊，讓我有更多機會在比較放鬆的情境和公司的領導團隊相處。我能夠參加那趟海外旅行，正是向公司的高階管理者顯示，我是公司的一流員工，而我也從中開始累聚未來爭取領導機會的動能。個人表現成功能夠帶來很多獎賞，身為主管最讓我樂在其中的，就是有機會幫助我自己的團隊成員贏得那些經驗和獎賞。

2. **贏得升遷，得到他們想要的職位**。在我與每個團隊成員一對一的個人面談裡，我一定會和他們討論他們的職涯目標，確認他們接下來可以採取的可能步驟，

以實踐目標。我曾與《傳奇》（*Legacy*）一書的作者詹姆斯・柯爾（James Kerr）談到這個話題，他曾經貼身採訪人稱「黑衫軍」的紐西蘭國家橄欖球隊，這是締造史上最輝煌勝績的球隊。柯爾的目標是什麼？探究卓越的背後成因是什麼，好讓其他組織知道如何效法這支隊伍。柯爾告訴我：「不是告訴別人要做什麼，而是問他們，我們應該一起做什麼？人們會迎向挑戰，如果這是『他們的』挑戰。」[12]

在我與每個團隊成員一對一面談時，我的職責就是成為一個好的傾聽者，理解坐在我對面的這個人想要克服什麼挑戰。一旦我確認自己理解他們想要做的事情和原因，我們就會合力規劃達到目標的路線。在他們邁向目標的一路上，同事一定會提升表現，成長為團隊裡的領導者，在過程中嘉惠每一個人。

要說明這個做法如何有效，一個很好的例子就是布蘭特・薛爾茲（Brent Scherz），他是我職涯早期最有企圖心的業務之一，現在已是一家市值數十億美元的國際企業的內部銷售全球副總裁。我第一次帶布蘭特時，我們兩人都是個人貢獻者，後來我升遷到管理職，變成他的主管。布蘭特想要爭取升遷，領導他自己的團隊。為了達成這個目標，我們先研擬了一項計畫，計畫的目標就是讓他「入圍」主管面試。為了達成這個目標，首要任務就是他必須在他目前的職位上有高水準的表現。隔年，布蘭特是第一名的業務，他得到的獎勵是能夠使用

公司提供的保時捷一年，這項榮譽為他拿到主管面試的門票。

接下來，他必須為他最終想要的職位做準備。除了幫助布蘭特得到面試機會，我也開始讓他加入指導時間，見習身為主管的工作。例如，我通常會與我的團隊成員進行「模擬拜訪」，我會請他們把我當成客戶來做業務拜訪，練習完整的業務流程，一直到最後成交。之後，我會要他們來我的辦公室，分析剛剛說的內容，寫在白板上逐句檢討。在進行像這樣的練習時，我會讓布蘭特（或是我要幫助他們得到升遷的其他人）和我一起，由他帶領給團隊反饋的部分。這麼做，有時會讓同事感覺不舒服，畢竟聽一名同儕以主管之姿提出建設性的反饋，可能令人相當尷尬，但那正是我為什麼要這麼做的原因。身為主管，我知道布蘭特必須有能力做到這點，而沒有比實際去做更好的準備方法。事後，我會指導「教練」，輪到布蘭特聽我給他的反饋，評述他在擔任隊友的教練時表現如何。

這樣的經驗能夠幫助他感覺管理一個團隊是什麼樣子。身為領導者，我們必須根據我們最優秀的員工立志得到的職位，盡量為他們模擬實際的體驗。這麼做，有幾個目的。第一，激發頂尖員工的能力，讓他們更上一層樓，賦予他們超越目前角色的責任。卓越的表現者都想要激發自己的能力，希望有人能夠推自己一把，並且得到賦權。第二，幫助他們為領導角色的面談做好準

備，因為這種練習能讓他們有真實的經驗，可以從中學習、討論。最後，這能幫助他們在得到主管職後成為更好的主管，這點很重要，因為如果你善盡你身為主管的職責，他們會得到他們想要的工作。

最近，我問布蘭特，這在當時對他的意義為何，以及這些行動對他有何影響？他說：

> 知道主管認為我是個領導者，並且在組織裡幫助我培養技能，對我來說是莫大的激勵。你不但給我機會，讓我在現有位置上為未來做準備、持續成長，也鼓勵我這麼做，並且為此投注了許多心力。這項在我的「朝九晚五」生活之外新增的挑戰，對我是一項重要的激勵因素。
>
> 　在我還是基層業務時，你與我合作，幫助我和團隊的業務同事進行模擬銷售拜訪。這項活動讓我為晉升管理職有更充足的準備，也提升了我身為業務的銷售技能。有機會從不同觀點聽到什麼是好的銷售、什麼是劣質銷售，對於我身為業務的日常工作助益良多。這讓我能夠練習提出有建設性和批判性的反饋。它的助益是如此大，直到九年後，在我今日工作的地方，我發覺它仍是銷售文化的核心元素——高度專注於「場外練習比上場比賽更艱辛」這個觀念。

創造一個大家想要追求卓越的工作環境，有部分關鍵在於你的團隊是否有成員成長而擔任新角色或得到升遷的紀錄。我身為主管最自豪的時刻之一，就是有人成功爭取到升遷，像布蘭特一樣。我覺得他們的成功或失

敗，都是我的責任（我到現在還是這樣想）。

　　這非常類似總教練為了幫助助理教練當上總教練而做準備。最優秀的教練不只贏得冠軍，也會為其他領導者留下傳承，栽培一棵隨著時間在他們所屬運動領域開枝散葉的「教練樹」。

　　比爾・沃爾希（Bill Walsh）這個名字在NFL就是贏球的同義詞，在把舊金山49人隊從長年輸球的隊伍變成NFL最佳球隊之後，沃爾希又贏得三座超級盃。不過，更讓人印象深刻的成就是：沃爾希手下的助理教練學會他的方法，在自己當總教練時，繼續締造輝煌的成績。《新聞日》（Newsday）運動專欄作家、《直覺與天才》（Guts and Genius）一書作者鮑伯・葛勞伯（Bob Glauber）寫到沃爾希的傳承，以及這一切的開端。

　　葛勞伯如此描述：「沃爾希（在1976年）沒有得到保羅・布朗（Paul Brown）的提拔，與辛辛那提孟加拉虎的總教練一職錯身而過。他非常難過，於是暗自發誓，要是他有朝一日能夠當上總教練，會把栽培其他教練當成重要任務。他栽種了我認為不只是在NFL，而是職業運動史上最多產的教練樹。」[13]

　　1989年，沃爾希在拿下他的第三座超級盃之後退休，在那之後，他有四個門徒繼續在擔任總教練時贏得自己的超級盃冠軍：喬治・塞弗特（George Seifert），1990年、1995年，49人隊；邁克・沙納漢（Mike Shanahan），1998年、1999年，丹佛野馬隊；邁克・霍爾姆葛蘭（Mike

Holmgren），1997年，綠灣包裝工隊；以及道格‧佩德森（Doug Pederson），2018年，費城老鷹隊。

　　葛勞伯表示：「沃爾希知道如何訓練教練。他專注在這件事上，看到他們成為成功的教練，對他的意義重大。」沃爾希不只是史上留名的偉大教練，他的傳承也在子弟兵幫助他人成為優秀領導者時延續生命。這不是偶然，身為新手主管的你，請開始思考這件事，並且以栽培未來的領導者為出發點採取行動，這件事永遠不嫌早。**你的影響力可以超越你的團隊所能達到成就的極限，持續往外擴散。**

觀念精要

- 你做為主管最重要的決策，都與尋找團隊成員有關。你最重要的事，就是投入時間和心力選才。

- 照顧你的人，而不是你的職涯。

- 總是對世界抱持正向觀感，就是相信全世界會結合起來幫助你。

- 大部分的求職者都會為基本問題做好準備。從他們的回答中追問問題，就能對他們有更多更深入的了解。你可以繼續問對方：「為什麼？後來發生什麼事？你從中學到什麼？」

- 當主管的第一天就表明，你的職責就是當他們的教練。讓團隊知道，你會就他們的表現給予全方位的反饋（包含好的與壞的），而你的反饋是出於善意，因為你希望幫助他們有最好的表現，讓他們得到伴隨最佳表現而來的美好事物。

- 在開除員工時，要直接、切中要點，並且盡快讓對方知道。

行動方案

- 與你信任的同事會面，為選才研擬一張必備條件清單。花時間具體描述這些條件之所以重要的原因。

- 建立你的面試流程，準備你的面談問題，這有助你釐清用人的最重要條件。

- 與幾位在開除員工方面經驗豐富的導師約時間見面。請他們分享細節，分享他們犯過的錯誤。從他們的錯誤中學習，這樣當你必須開除員工時可以做得更好。

第三部

領導團隊

你已經接受領導自我的觀念、做好建立健康團隊文化的計畫，而且有一群可以實現這種文化的同事。至此，你做的所有工作都是準備工作，雖然它們都需要持續不斷的努力。接下來，真正領導團隊的時候到了。

你領導團隊的能力如何，取決於你對溝通這門藝術的精通程度。溝通的藝術指的是理解說故事的力量，以及知道如何與你的團隊真正建立連結。影響力是透過溝通而發揮作用，無論你是想要理解如何有效規劃事情、主持團隊會議，還是要與某個表現不盡理想的同事進行困難的對話，溝通技巧都是核心。

從關注自己的角色、工作和績效，轉換成照顧別人的角色、工作和績效，這種轉型對於表現頂尖的個人貢獻者來說可能別具挑戰。從球員跨到教練，是戲劇性的重大轉變。現在，是認識你的團隊和理解團隊運作動力最關鍵的時刻，因為讓團隊動起來是你的工作。現在，你的績效是用別人的績效當作評量尺規，你要負責為這艘船掌舵，但是你不能把手直接放在舵輪上，你要解決的是相當不同的問題。

這些都會反映在成果上。身為領導者，最後你要為你們團隊的成果負責。如果你不能安然接受這點，那麼你或許應該重新思考你成為主管的選擇。我們會討論願景的意義，以及願景的重要性。我們會討論為什麼你需要學習，還有如何從你的失敗中記取教訓。我們也會討論如何從你的成功中學習，以複製成功（這是最常被忽

略的關鍵一步)。我們會討論領導、管理、指導的重要
性,以及這三者的差異,還有為什麼心懷謙卑地做這三
件事,是透過管理職發揮雄厚生產力的關鍵。

5

傳達訊息

我們打造了說故事的文化。
我們不斷在組織裡挖掘、辨識和說故事，
故事一定都有特別的含義。
我每說一個故事，一定會試著連結到一項價值。
——史考特・哈里森（Scott Harrison），
水慈善組織（Charity Water）創辦人暨執行長
（《學習型領導者》第290集）

有效溝通是有效領導的血脈。麥克・尤辛（Michael Useem）是華頓商學院的管理學教授，也是該學院領導與變革管理中心的主任。每一年，他都會開設高階經理人企管碩士課程，在課堂上，他會請學生評量領導力的理想典型人物。歷史上的著名領袖當然有人提，但學生列舉的人物通常是與他們共事的領導者和老闆的名字。學生認為這些老闆值得一提而描述的許多特質裡，有一項特別引起尤辛教授的注意：「闡述計畫與規劃達成路徑的卓越能力。」換句話說，他們都是出色的溝通者。

這點適用於那些EMBA學生的老闆，也適用於企業領導者的老闆。羅伯特・迪馬丁尼（Rob DeMartini）最近被提名為美國自行車錦標賽協會（USA Cycling）的執

行長，在這個新職位之前，他在總部位於波士頓的運動品牌New Balance當了將近十二年的執行長。在那之前，他曾在寶鹼公司（Procter & Gamble）任職二十年的經理人。New Balance在他的掌管下，營收從2007年的15億美元，增長為2017年的44億美元。[1]

我向羅伯特請教，他這些年來曾與哪些傑出的領導者共事或為其效力？他提到其中特別突出的兩位，一位是寶鹼執行長雷富禮（A.G. Laffley）：「他有一種能力，可以把複雜的訊息濃縮成簡短有力的隻字片語，讓偌大的組織確實明白接下來要做什麼。他是個見解獨到的人。」另一位是吉列公司（Gillette）的執行長吉姆‧基爾茲（Jim Kilts），羅伯特認為他的優勢是清楚明白：「他是個執著、堅毅、條理分明的領導者。所以，你能確實知道他想要你做什麼，在他手下，工作變得更為單純。」[2]

與團隊有效溝通的重要性，再怎麼強調也不為過。我父親在我年輕時就對我如此耳提面命：「身為領導者，對你的團隊說話時，你有責任要表達得清楚明白。」他們必須了解團隊任務的宏觀藍圖，也要了解各人對於任務的完成所要扮演的特定角色。他們必須隨時都明白你對他們的期待究竟是什麼，如果你沒有和團隊溝通清楚，他們不會知道、也無法做到你的期待。**如果團隊並未對任務瞭若指掌，那麼身為領導者的你，就要承擔溝通失敗的責任。**

高效能領導者為了有效傳達訊息，必須善用的一些

溝通方法，包括：

- **團隊會議**。規劃並執行會議，讓團隊時間的運用對你和團隊都有價值。
- **進行困難的對話**。理解那些偶爾必須進行的困難對話的重要性。專業人士欣賞直接、甚至是批評的反饋——如果是出自「我的角色是幫助你表現亮眼」的觀點。
- **如實傳達上層的指示**。向你的團隊傳達來自組織上層的訊息，你或許不完全認同那些訊息，卻還是有責任執行。
- **在更高層主管面前說話**。你與「長」字輩管理階層的對話，可能是報告經營成果，也可能是說服高層採取你偏好的某個行動方案。
- **公開演說**。為有效演說建立架構，包括如何做一場一分鐘、三分鐘及五分鐘的微演說。
- **善用溝通工具**。有效運用隨手可得的溝通工具，包括：電子郵件、電話、一對一談話等。

故事的力量

你要懂得運用說故事的力量，但這不是要你堆疊空洞的感性文字、操弄情感，也不是取代理性論證和堅實數據的技巧。相反地，一如知名學者與暢銷書作家布芮尼・布朗在TED演說裡一句令人難忘的話：「故事是有靈魂的數據。」[3]**溝通內容同時涵蓋故事和數據時，最能**

夠一起打動大腦和心。

　　媒體心理研究中心（Media Psychology Research Center）主任潘蜜拉・魯特萊奇（Pamela Rutledge）博士說：「故事就是我們的想法，它們是我們對生活的解讀。你可以稱為基模、腳本、認知地圖、心智模式、隱喻或敘事。我們用故事解釋事情如何運作、我們如何做決策、如何合理化我們的決策、如何說服他人、如何理解我們在這個世界的處境、創造我們的身分認同，還有如何定義、教導社會價值。」[4]

　　故事敘事結構的力量，不只是讓人有所感受，或是因為心有所感、乃至起而行，故事能讓資訊更容易記憶。2014年一項關於傾聽的研究，研究人員對研究參與者播放一段影片，影片內容為一連串的指示。其中一組參與者觀看的影片版本，指示是以說明的形式傳達。另外一組參與者觀看的影片，指示是用一個故事來傳達。實驗結果顯示，資訊的傳遞方式與記憶程度相關，那些以故事方式接受指示的人，對素材的記憶較佳。[5]

　　我最喜愛的作家，是那些能夠巧妙揉合故事和科學的作者。他們的作品不但引人入勝，甚至讓人想要進一步尋幽探祕，在過程中感到興味盎然，而且最重要的是，讓人輕輕鬆鬆就記住他們論述的要點。舉例來說，作家申恩・史諾（Shane Snow）在《聰明捷徑》（*Smartcuts*）一書就主張，水平思考（「質疑問題所立足的假設」，[6]藉此從「旁門左道」解決問題），是「最成

功的人一向的做法。」[7]史諾用各種精采的故事說明他的
主張，從他的大學室友如何打破《超級瑪利歐》的紀錄
（6分28秒與33分24秒的差異，說「打破紀錄」實在是
太客氣了），到16歲的富蘭克林用女性化名，讓他哥哥
的報紙刊出他的文章，包羅萬象。他先講述這些故事，
以吸引、娛樂讀者，然後才端出水平思考的科學知識，
解釋為什麼水平思考能夠幫助你的職涯突飛猛進。

　　我後來向史諾請教他說故事的方法，為什麼他的故
事能夠這麼具有衝擊力？他說：「《聰明捷徑》的續作是
《故事的力量》（*The Storytelling Edge*），探索神經科學，
解釋為什麼故事會如此有影響力。原來，人的大腦愈投
入，記憶力就愈好，而人在聽故事時，大腦活躍的部分
多於人在吸收事實資料時。更令人驚嘆的是，故事會觸
發我們的情感，刺激大腦合成一種名叫催產素的神經化
學物質；粗略地說，它能讓我們對與故事相關的人，產
生更強烈的同理心。」

　　當然，你讀這本書不是為了學習怎麼當個暢銷作
家或得獎的常春藤大學教授，此時的你或許在想：「好
吧，這幾本書聽起來都很有意思，我會加入我餵養學習
機器的素材清單。但是，我到底要如何培養那樣的技
巧，更懂得善用說故事和敘事方法領導我的團隊？」

　　多年來，我學到說得精采的故事，具有下列這些特點：
1. **它們能夠引起共鳴。**你必須讓讀到或聽到這個故事
　的人，覺得自己就是故事主角，可以對情況和角色

產生認同。

2. **它們扣人心弦。**一如我的朋友萊恩・霍利得（Ryan Holiday）告訴我的（在他讀過我最初的寫作提案之後）：「你必須吊他們胃口……，讓他們想要一頁一頁往下翻。」立刻營造懸疑，給人們一個感興趣和繼續讀下去的理由。

3. **存有衝突。**故事裡有挑戰需要克服，故事主角被擊倒，必須設法東山再起。這樣，說故事的人會一直挑起聽眾對主角的同情心和同理心。

4. **它們能夠挑動情感神經。**說故事功力高強的人會訴諸情感，懂得遣辭措意或掌握節奏，讓聽眾感其所感。

5. **它們很簡單。**最聰明的溝通者會把複雜的觀念變得容易理解，效能低落的人則是把簡單的事情複雜化。

6. **它們有令人意想不到的轉折。**最好的小說和電影會讓你驚呼：「喔！哇！」在構思你的故事時，多想幾條能讓故事進入高潮的發展路線，然後挑一條最讓人感到意外的。

7. **它們滿足人心。**請記得為聽眾完成旅程，分享你告訴他們那個故事的原因，以及他們可以如何應用於工作和生活中。

你可以藉由研究說故事的高手，提升你自己說故事的能力。無論是看書、看電影或聽播客，找出那些能夠讓你感動、觸發你思考的故事作者。研究其他說故事的人，向他們學習說故事的技巧，試著仿效看看。

溝通原則：
廢話不多說，頻率要足夠

你的訊息聽在別人耳裡有多重要，取決於你怎麼說。簡潔有力很重要，它是優秀溝通者的磨刀石，讓他們的訊息犀利無比。他們的言詞衝擊力道，不會被軟綿綿的冗詞贅句所抵銷。

想知道語言的精練如何讓訊息更有效果，和脫口秀演員談談就知道。喜劇作家比爾·希克斯（Bill Hicks）建議未來的喜劇表演者：「聽聽看你自己在說什麼，自問：『我為什麼要說這個？有必要嗎？』」[8]這兩個好問題，在喜劇世界之外也大大有用。無論受眾或目標為何，你所說的內容以及你的用字遣詞，都要能過你自己這一關。

出色的喜劇表演者、作家、講者和電影導演，都知道如何刪節冗詞贅句。如果你去看有才華的導演的電影作品，你在螢幕上看到的所有東西，都有特別的用意。他們投入大量的時間、金錢和心力製作的場景和片段，有些從來不曾流出剪輯室，因為不是說故事的必要素材。

你如何與你的團隊或老闆溝通，也應該採用同樣的原則。如果你需要寫電子郵件傳達重要訊息，也要採用同樣的方法。先把郵件寫好，然後以電影導演的評判眼光讀過，自問你寫的內容是否必要？針對郵件裡的每個重要部分和想法，強迫自己誠實回答這個問題。刪去可

能還不錯、相關、有趣但不必要的部分。無論你是要發送電子郵件或為團隊會議做準備，每次都要把這件事納入你的溝通前置準備工作。

我知道，這件事說起來容易、做起來難，我現在仍然必須特別留意去做，有時還是勉勉強強才能做得好。那就是為什麼找人幫你看過會有幫助，對於特別重要的溝通，請務必找人看過你寫的訊息，請他們拿出自己衡量「必要」的那把尺來檢驗。我們要這麼想：**冗言贅句浪費時間，很容易讓人分心、停止聽你說。**如果他們知道你深思熟慮過你所說的每一句話，就會專注於你的訊息。

溝通的頻率和節奏，重要性不亞於內容長短。當你是新任主管時，寧可與團隊溝通過於頻繁，也不要太少溝通。**頻繁溝通能讓你的團隊了解你的想法，因而減輕恐懼、建立信心。**他們會明白，你想要聽他們的想法，而且你會盡全力保持溝通管道的雙向暢通。

當然，無論是不是新任主管，主管的頻繁溝通有其潛在的負面作用。你可能會看起來像個微管理者；更糟的是，你真的變成一個微管理者。當我擔任一家跨國企業的銷售副總，接掌全美銷售團隊時，我非常小心，以免我成為新團隊眼中的微管理者。我想要表現出信任我的團隊，不需要隨時都對他們發號施令，所以我不想太常發電子郵件或是太常開全員會議，深怕這樣會打擾他們。我認為，他們工作時不想要被打擾，於是我寧可減少溝通，也不願頻繁溝通。

　　然而，當我尋求他們的反饋時，我很訝於發現，他們希望更常收到我的訊息。我們必須找到一個皆大歡喜的折中之道，於是我們每週進行一次對話，討論團隊裡每個人的現況。我定期安排與團隊成員的一對一會議，並且在我的行事曆留時間，和個人貢獻者一起拜訪客戶，一起「進行田野調查」。最後，我的團隊和我，每週都會定期持續溝通好幾次。

　　我犯了一個主管很容易犯的錯。在擔任新職、帶領一個你不熟的團隊時，你可能會有一股很強烈的衝動，想要靠微管理來展現影響力。由於想要極力避免犯下這個領導力之惡，你很容易矯枉過正，反而落入不聞不問、保持距離的姿態。這兩種方法都不好，你的工作就是要找到一個令人滿意的平衡點。

　　你要如何建構你與團隊的溝通，取決於你們公司、你的層級、你領導的人數，還有團隊的地理距離、團隊的健全度、團隊的協作能力，以及其他許多因素。如果你們是遠距工作，定期溝通甚至會更重要，以彌補你和團隊成員親自面對面的時間不足。這件事若要掌握正確的分寸，用心和刻意經營是必要條件，還有就是請你的新團隊就你們溝通的頻率和節奏坦誠表達意見。

　　溝通這件事，有可能太多嗎？簡單說，有可能。你不會希望你的會議和會面討論成為生產力流失的破口。為組織各方向的溝通所投注的時間和心力也一樣，這包括：你與你的團隊之間的溝通，還有你與平行單位、甚

至上級單位之間的溝通。在我成為主管後，我得到的最好建議來自我的一位導師，他告訴我，我會覺得自己受到公司各部門的人來自四面八方的牽制。

他建議我：「他們會想要你參與他們所有的會議，無論親自出席或電話會議。你的工作是要把大部分的時間用於你的團隊。」密切關注我的時間分配，勇於向任何無助於團隊前進的事物說不。馬斯克曾經告訴他的員工，如果他們不能在會議上有所貢獻，這場會議對他們就不具價值，他們必須離開會議。[9]這聽起來或許非常嚴苛，卻是很好的原則。

溝通重點：建立連結，找出答案

講到溝通，切記溝通的目的，就是與他人建立連結。沒有溝通這項結締組織——無論是透過文字、圖像、手勢，甚至只是一個表情，每個人都是一座孤島。我們用溝通建立關係、表達感受、分享想法、共同合作，達成無法靠獨自一人做到的事。如果你曾在人群裡感到孤獨，你就會明白有個人可以說話的珍貴和力量。連結是我們溝通的原因，而連結的有無是評量溝通是否有效的一項指標。

艾美・特拉斯克（Amy Trask）是拉斯維加斯襲擊者（Las Vegas Raiders）的前任執行長，現在是CBS運動台的美式足球球評。除了她在電視台的工作，特拉斯克也在三對三籃球比賽職業聯盟BIG3擔任主席。她在一個以男

性為主流的世界裡，擔任女性經理人和權威角色，因此
理解要如何迅速融入與她共事的群體，和他們打成一片。

　　對於與他人建立連結為重要職責的領導者，她的建
議是：「無論你身在哪個產業，不要築牆，不要在組織
的不同單位之間劃分界線。想要把事情做好，最重要的
就是：溝通、合作、協調、協作。」[10]

　　歸根究柢，與團隊建立連結就是要對你服務和領導
的那些人，懷抱著真正的好奇心和關心。我覺得西南
航空（Southwest Airlines）的創辦人賀伯‧凱勒（Herb
Kelleher）說得真好：「溝通就是看到那些在你部門工作
的同事說：『愛蜜麗，我真的很高興看到妳回來上班。
聽說妳的寶寶有點難帶，還好嗎？』」[11]

　　**建立連結的關鍵，就是避免自說自話，對話重點是
幫助他人找出能夠激勵他們前進的答案**。儘管組織有現
成的指揮鏈和規定，但是我經營團隊的方式，不是直接
告訴他們要做什麼。我想要他們自己推敲，因為是自己
學到的課題而覺得備受激勵。我這種方法要花時間摸
索，如果要我描述，我認為是接近蘇格拉底的方法。我
會鍥而不捨地問我的團隊問題，不過是以隨常的方式起
頭。我可能會問同事：「情況如何？順利嗎？哪些地方
不順利？」我會根據他們的回答、聲調或肢體語言，打
破砂鍋問到底。

　　我認為，團隊主管的角色，並不是給予答案的人。
相反地，身為團隊主管，我的職責是把溝通當成一項工

具，激發團隊的興趣，發揮創意解決問題。我不會直接
給答案，而是給他們機會找出答案。

**另一個與團隊建立連結的方法，不是你如何與他
們溝通，而是如何聽他們溝通。** 根據傑克・詹勒（Jack
Zenger）與約瑟夫・霍克曼（Joseph Folkman）兩位領導
力專家，良好的傾聽能力不只是接收或吸收訊息：

> 大部分的人都認為，良好的傾聽者要像海綿一樣，
> 準確吸收對方所說的話。然而，這些研究發現卻顯
> 示，良好的傾聽者就像蹦床一樣，是構想的彈射
> 板，不是吸收構想和能量的海綿。他們能夠擴大你
> 的想法、為你的思維挹注能量，還能夠幫助你釐清
> 想法。他們不只被動吸收訊息，而會主動支持，讓
> 你感覺更好。他們的傾聽，讓你得到能量和高度，
> 讓你就像在蹦床上跳躍一樣。[12]

影響力的三項要件

我曾待在阿拉巴馬州伯明罕市，為展開大學後的美
式足球職涯做準備，那段期間裡的每一天，我都虔敬地
實行同樣的日程。如果當天有比賽，我會在清晨五點半
起床，先做重訓和跑步，八點半到體育館看影片，與教
練開會，然後練習。下午，我會到戶外，坐在阿拉巴馬
炎熱的豔陽下，閱讀（而且是一讀再讀）我從俄亥俄州
帶來的那本由羅伯特・席爾迪尼（Robert Cialdini）所寫
的書：《影響力：讓人乖乖聽話的說服術》（*Influence: The*

Psychology of Persuasion）。

有人告訴我，這本書能夠幫助我學習如何成為更優秀的專業銷售人員，於是我買了一本平裝版。不過，在伯明罕時，這本書基於兩個原因，有吸引我的新訴求。第一，在這個我才剛加入的團隊擔任四分衛，我知道自己是空降部隊，必須在新隊友之間建立信任，他們才會把我當成是他們的新領導者。身為一個南方球隊裡的「北佬」（我之前從來沒被這樣叫過；在我的故鄉，我們只會說我是俄亥俄州人），我知道自己需要竭盡所能，學習影響他人、凝聚追隨者。第二，無論室內美式足球聯盟這個從天而降的機會未來進展如何，我知道我不會永遠待在美式足球圈。我知道，無論是在球場上或休息室，這是我可以在自己習慣的環境中學習領導的機會，等到我離開球場、進入商業世界，我會更懂得如何領導他人。

時間快轉到十多年後，拜我的播客節目之賜，我終於有機會接洽席爾迪尼博士，與他錄了一次專訪。[13]那時，他的書已是銷售數百萬冊的暢銷書，從他的書與我們的對話裡，我學到創造影響力與說服他人的法則。這是經理人／領導者成功的關鍵技能，下列是我認為最有效的三項要件：

1. **互惠**。在想著「得到」之前，先想著「如何付出」。給予時，不要在心裡記一本流水帳。付出時，不要抱著得到回報的念想。全心幫助他人，服務他人。

寬厚待人，未來很有可能會以意想不到的方式，從別人那裡得到更多。

2. **社會認同**。人在看到自己尊敬的人追隨你時，也會跟著追隨你。盡早並經常與團隊裡的關鍵人物互動，與他們建立真誠的關係。他們是別人看齊、尋求建議的影響者，賦予他們權能、協助他們，爭取他們的尊敬，他們就會幫助你贏得整個團隊。

3. **一致性**。人們比較會去實踐書面、公開、自願的承諾。就像設定目標一樣，經過開放討論而形於書面文字的目標，愈有可能付諸實行。與你的團隊研擬計畫，寫下來，對每個同事也比照辦理。最後，公開承諾。

做好走動管理，善用溝通工具

如何與團隊有效溝通，多半取決於工作場所的建構方式，以及組織在文化上的期待。然而，無論具體細節如何，我相信最好的溝通是親自溝通，面對面的互動是運用所有可用工具最有效的方式。姑且不論團隊裡有人遠距工作，即使所有人都在同一地點工作，主管預設的溝通方式也經常是用電子郵件或電話，而不是從自己的辦公桌前起身，走到同事的桌前，以更為有力而個人的方式談話。

這顯然不是什麼新知，湯姆・畢德士（Tom Peters）和羅勃・華特曼（Robert Waterman）在他們的經典管理

著作《追求卓越》（*In Search of Excellence*）裡創造了一個簡明的詞彙，用來描述這種最基本的領導形式，稱為「走動管理」（Management by Wandering Around）。[14] 理想而言，主管一天要做好幾次走動管理，目的是透過隨機互動的插曲與同事建立關係，並且對於第一線的情況有質性掌握。然而，成功的走動管理與可怕的微管理只有細微的一線之隔，前者能讓你更了解你的團隊與他們的工作，後者則是人人避之唯恐不及。如果你的出現讓人感覺「老闆在我身後，對著我的工作指指點點」，沒有人會喜歡看到你出現在他們的桌前。

我最有成效的對話，都是發生在走道上時。這些「微指導」的時刻，是非正式的八分鐘談話，而且總是隨意發生，很少事先籌謀好。我們團隊的凝聚力與學習（這點或許更加重要），絕大部分都是在這些時刻發生。與團隊成員排定一對一會議很重要，但不能取代這種更為隨興的溝通方式。

「邊做邊學」有強大的實效，這個道理也完全適用於專業經理人。對於你的團隊必須做的事，找機會自己實際操作一下。**要理解事情的運作，最好的辦法就是自己跳下去做做看；實作是最好的學習方式。**

下列是我自己的親身經驗：身為電話銷售組織，我們團隊的核心工作，是以陌生電話接觸潛在顧客。我們會舉行電訪衝刺賽，我會加入同事，一起打電話。我們會分拆潛在客戶名單，每次有人開創一個機會，我們就

會發電子郵件給整個團隊，分享好消息。想要比老闆出色的野心，不需要再遮遮掩掩。

此外，我也會坐進團隊成員的辦公隔間，用他的電話示範電訪。這些示範銷售電話可不是模擬電話或角色扮演，電話那頭是真實的顧客或潛在顧客，那是完全不可預測的現場對話實境。我親自上陣，和同事並肩作戰；他們吃的閉門羹，我也要親自嘗試。這麼做能夠激勵團隊，身為主管，這讓我對團隊的處境有寶貴的洞察。我可以聽到顧客或潛在顧客在電話那頭究竟說了什麼：他們反感的事物，還有他們喜歡、不喜歡的事，諸如此類。

在我的職涯後期，我負責領導遍布全美各地的第一線團隊，但我並未因此放棄我的走動管理策略，只是必須根據現實狀況調整我的戰術。我不是直接踏出辦公室到走廊上走動一下就好了，必須走出我所在的城市，飛遍全美各地。即使我與新團隊相處的個人時間遠遠少於之前的團隊，但目的和效應是一樣的。我之前在辦公室走道上做的事，現在可能換成在車上，或是在用餐時間。之前我加入電訪比賽，現在則是親自出席顧客拜訪，並在拜會時提問，了解顧客最喜歡我們哪一點，以及我們有哪裡可以改進的。一如從前，我傾聽我的團隊以及他們服務的顧客，從中學習如何成為團隊更好的領導者。

你應該把大部分的工作時間，都花在與你所領導的

人相處。這就像把組織圖顛倒過來：你在最底層，向你報告的人在上層。即使你們不是全都位於同一棟建物，你仍然可以用同樣的方式安排你的日程。

如果你是透過電子郵件和團隊溝通，務必記得用字精簡的重要，你所傳送的每一封電子郵件都要有目的。如果你轉寄一大堆無意義的電子郵件，寫上「請參閱」，你的團隊會仔細閱讀每一封的機率微乎其微。一旦他們覺得你的電子郵件大都無關緊要，甚至可能會直接刪除，因此錯過你發送的重要訊息。

除了電子郵件，你還可以盡情運用其他各種溝通管道。隨著科技進步與文化轉變，我開始用簡訊與我的團隊坦誠對話。我目前的「學習型領導圈」成員都相隔各地，我們在Zoom上開視訊會議，也用Slack溝通。我覺得這是即時腦力激盪的實用工具，可以讓一群人同時七嘴八舌地盡情吐出靈感，就像亞當・格蘭特說的一樣。[15]我們有書籍、時事、議題、銷售與其他更多主題的討論串，可以透過這個管道向群體提問，迅速得到各式各樣的意見。

掌握微演說的技巧

有能力站在一群人面前演說，能夠為你的職涯創造許多機會，或許多於你的任何其他作為。比起其他專業技能，這項能力其實更能為你在高階領導者心中建立信譽。演說能力的重點，不在於演說精不精采，更重要的

或許是它可以反映出你在團體環境裡有效處理困難問題的能力。請務必磨練自己在口語和文字表達上都成為溝通高手，進入管理階層之後，你會遇到很多機會，這些機會在你手中可能發揮到極致，也可能白白浪費掉。

一想到演說，大部分的人就會想到講者花好幾個小時，練習一份精心琢磨過的簡報內容。身為新任主管，你或許沒有機會在那樣的情況下演說，但是你每次與團隊開會時都要做某種演說。或許，你每週都要做一分鐘、兩分鐘或五分鐘的演說，無論時間多長，知道如何做一場有焦點、簡潔有力的演說，是相當重要的技能。

即使你只是為會議做簡單的一分鐘開場，也應該用心構思，先想好你要說什麼，再決定你要怎麼說。想一下開會的目的是什麼，讓這個答案引導你的說話內容。至此，你已經準備好建構一場演說的四項基本元素：1.）一個吸引人的開場（以說故事為佳）；2.）你的重要主張；3.）支持主張的資訊；以及4.）總結與行動號召。

一場精采的演說，通常有一個有力的故事。在演說一開始，最能夠吸引聽眾注意力的，莫過於有力的故事。**如果你可以在演說之初，用一句敘述抓住他們的注意力、打動他們的情感，藉此激發聽眾的興趣，挑起他們的好奇心，你就能讓他們聽完你接下來的談話。**

無論你的演說長短，都可以運用下列這個架構研擬內容。這個架構最早來自我的個人導師查理·麥克馬翰（Charlie McMahan），他是俄亥俄州森特維爾市南溪教會

的主任牧師，也是我最喜歡的講者之一。我向他請教，他把訊息和故事編排得如此動人的祕訣為何？他和我分享他為上台布道做準備的五個步驟：[16]

- **誘餌（Teaser）**：分享能夠吸引聽眾注意力的事物。
- **緊張（Tension）**：提出你的團隊或你的聽眾面臨的問題，讓他們知道為什麼這些問題很重要。
- **事實（Truth）**：什麼是真相通常有研究／科學背書。
- **教訓（Take-home）**：聽眾可以實踐的務實行動步驟，或是可以記取的課題。
- **凝聚（Together）**：做個鼓舞人心的結尾，讓聽眾滿懷動力採取行動，例如：「我們不就是想要成為那樣的人嗎？」

無論你遵循哪種準備程序、演說長度為何，想要演說成功，關鍵都是認真的準備。

如何進行困難的對話

在領導管理的職涯裡，有很多時候你都要面臨困難的對話。處理困難對話雖然有很多種方式，但是有一條不變的原則：列入績效改善計畫、觀察期，或是你們公司採行的類似措施，這種事永遠不該讓對方有事出突然的感受。如果你的員工對這種對話感到意外，那就是你在此之前沒有做好主管的工作。

想到要進行這些對話，大部分的主管最主要的感受都是恐懼，這聽起來應該不會令人感到意外。我也沒有

不同。我想要別人喜歡我，要我說出不受歡迎的決定，我會感到焦慮。於是，我曾經擱下這件事，拖了又拖，拖到我發現自己已經身陷麻煩。我的團隊裡曾有兩名員工要求更換負責地區——在銷售領域，績優業務獲得升遷之後，這是常有的事，總是會有其他業務想要接手他們留下來的業務區域。這兩名員工，一名是男性，一名是女性。從書面資料上來看，男性在公司的經驗較豐富，而且資歷較輝煌。我把那個業務地區給了他，我告訴他這個決定，他很高興，我們又如常工作。但是，我從來不曾告知爭取同樣地區的另一個人這個壞消息。

「壞消息不會因為時間而變好，」在我的職涯裡，不只一位導師曾經告誡過我這句話。我多少認為我不去碰壞消息比較好，但是我們都知道這是行不通的。

我沒有立刻告知那名女性團隊成員這個消息，此舉傷害了她。她覺得我偏袒對方，甚至下了「老男孩俱樂部」的評論。我深受打擊。我是根據過去的表現做決定，獎勵在較長期來看成功的專業銷售人員，但是她不是這樣看這件事。這是我的錯，我因為害怕告訴她壞消息，造成她這樣的認知。這是一個要花很長的時間才能彌補的錯誤，我破壞了我與這名同事之間的信任，而修復關係所需要的時間，比我當初立刻告知決定與原因之後那段難熬的時間要長得多。

我的團隊顯然也因為我沒有做好溝通，失去一些對我的尊敬。我學到痛苦的一課：不作為是要付出代價

的，而且受到負面衝擊的人，不只是相關決定直接影響到的那些人。未能及時處理疑問，也會影響到團隊的其他人，特別是高績效團隊。

暢銷書《徹底坦率》的作者金·馬隆·史考特相信，如果你真的關心你的團隊，應該會願意一開始就宣布壞消息。一如她在播客節目與我對話所言：「你或許會覺得自己親手斷送那位員工的人生，但是這樣看事情未免過於嚴重。這只是一個暫時性的挫折，他們現在可以自由追求長期做起來更快樂的事。」[17]

關於如何處理困難的對話，我經常聽到的一項建議，就是PCP三明治法：先讚美，然後批評，再讚美（praise, criticize, praise）。這個方法雖然看似有道理，但如果讚美不是出自你真實的想法，就會顯得不真誠。如果對方需要批評，請不要用虛假讚美來包裝批評。如果你養成用讚美包裝負面反饋的習慣，等到你應該給予對方真誠讚美時，反而會失去可信度。**你只需要尊重每一個人，直白傳達消息。他們或許不喜歡你要說的話，但是不會因為你說出實情而不喜歡你。**

對於績效卓越的人來說，尤其如此。他們想要反饋，也會設法得到反饋。他們當然期望主管給予真實的反饋。高績效者想要進步，如果你不為他們建立反饋迴圈，他們就無從進步。全世界表現最頂尖的人都會聘請教練，其來有自。他們要求自己表現優異，他們知道自己需要持續獲得直接的反饋，而現在這是身為主管的你

的分內工作。

如何傳達上級旨意

身為四分衛，我必須學習如何以權威和堅定的態度向團隊傳達訊息，即使我自己不是百分之百信服。有時，我的進攻協調員會選擇一項我不喜歡的戰術，但我在比賽時不能在隊友面前流露出質疑，必須信心十足表現出我相信會奏效。如果我猶豫不決或信心動搖，這項戰術幾乎注定失敗。在我接獲邊線上教練傳來的訊號之後，我必須設法很快就讓自己相信指令，向隊友傳達訊息。

在企業世界，你總會有懷疑或不認同老闆決定的時候，你無法迴避這個事實。身為主管，你會應上級要求向團隊下達指示，你可能不是百分之百贊同你要傳達的訊息，雖然保持真誠很重要，但是「假的裝不來，」一如布萊恩・考波曼說的。[18]可是，當主管的又必須要能夠信心十足地宣布訊息，你現在或許要問：「當然，我知道假的裝不來。但是，到底要怎麼做？」

過去，**我會強迫自己從各種觀點把指示、計畫或訊息想透透，不單是從我自己的觀點，也會站在組織裡職級在我之上者的立場想。**只有在我能真正從別人的觀點看事情，我才能準備好向我的團隊傳達訊息。這樣能夠幫助我保持真誠，不會出賣老闆，把一切都推到老闆頭上。身為主管，你不能出賣執行長和高階領導者，這不但會讓你容易犯錯（因為你很少能像老闆一樣掌握全部

資訊），也會埋下有害文化的種子。

　　有件事實在應該不必贅言，卻又真的太過重要而不得不提：如果你被要求或告知要做一件非法或不道德的事，你就有義務開口直言，而不是盲從。像安隆（Enron）、惡血公司Theranos等企業醜聞之所以會發生，就是因為人們按照指令做事，即使顯然是錯的。有太多中階經理人為了不要當害群之馬而出賣靈魂，最後只落得與同一條船上的人一起沉船，你絕對不要加入他們的行列。

如何向上級溝通

　　向公司高層傳達你的訊息，可能是一種令人心驚膽跳的經驗──我要說什麼？我要怎麼說？他們在那個會議室裡都怎麼說話？我說得太多嗎？還是說得不夠？準備的過程也可能讓人筋疲力盡。

　　有次，我帶的團隊開始為兩個月後與執行長開會做準備。我們開了無數次會議，在千錘百鍊中磨出一份厚厚的簡報，把我們這個業務單位的所有資訊都塞進去了。為了一則簡單訊息投注這樣的人力和時間看似浪費，卻又有其必要。大家最不想經歷的，就是在執行長面前看起來一副毫無準備的呆樣。

　　最後，在數週的瘋狂準備之後，會議終於到來。執行長跳過我們想要引領他逐次理解的故事，我們寫進去的資料，他大都忽略。他只特別關注到幾張投影片，深

入問了幾個具體問題。我們過去幾週所做的有80％都是白費功夫，這份簡報在會議上沒有得到一句稱讚。我知道，這種事並不稀奇。

雖然這是企業經理人真實生活的悲哀，但是當你有機會在高階經理人面前露臉時，充分利用機會極其重要。你代表的是你的同事、你們團隊、你的主管和你單位裡的其他人，這或許也是他們考慮拔擢人選擔任更重要的職務時，你有機會在他們心中留下印象。但是，就像其他事物一樣，有原則，就有例外。每個領導者的個性都不同，下列是我多年來自己領悟到或向他人學到的幾個訣竅：

- **盡快切入重點**。除非他們自己打開話匣子，表現出想要閒聊的樣子，否則會議的開場就要切入主題。「我們今天開會的目的是討論……」，還記得前文提過要用字精簡嗎？在第一次與高層談話時，幾乎每個經理人都會犯同樣的錯——說得太多，花太長時間才切入重點。但這點並不令人意外，緊張加上想要留個好印象，造成很多人失焦。請努力做到說話簡潔、有吸引力，準備好回答長官可能突如其來丟出的任何問題。

- **描述大局及其意義**。細節很重要，但是不要在與高層開會的頭五分鐘就把情況搞得太複雜。學習報告重點事項，精簡訊息。

- **做好準備**。這點應該不用說，但是討論主題的準備，

必須做到準備過度的地步。預想長官會問什麼問題，與導師、曾經有過類似經驗可以請益的同事預先演練。「萬全的準備，是克服恐懼的最佳特效藥。」對你的資料滾瓜爛熟，當一個領域專家。

- **成為某個主題的專家。**與高階領導者建立實質關係最有效的方法，就是成為某個領域的專家。當領導者想要在那個領域徵詢專家建議時，可能會第一個想到你。為了經營公司，大部分執行長都必須成為通才。一個對某個領域瞭若指掌的不二人選，能為高階主管補足知識缺口。

- **做個好共事的人。**準時出席，為會議做好準備。比別人要求的多做一點，總是承諾超乎水準、實踐超乎水準——感謝詹姆斯・阿圖徹（James Altucher）這項建議。說了就要做到，努力工作，對別人好。光是這樣能為你帶來多少好處，會讓你訝異不已。

這樣不叫開會

身為他人的主管，開會會占去你許多的溝通時間、心力和效能。**開會絕對不是必要之惡，能夠不開就不要開，把會開好極其重要。**在談怎麼開好會之前，我先來說說我參加過的「最糟糕會議」。「最糟糕會議」之所以加上引號，因為那不是單一會議；說來悲哀，我遇過那種情況的次數，已經多到我不想數。

身為受邀的會議列席者之一，我提早三分鐘走進會

議室，發現我是第一個到的人。時鐘顯示9點整，列為「必須出席」的與會者，進會議室的人數還不到一半。終於，到了9點7分，其他人總算出現了。接著，大家在會議室閒聊，到了9點12分，發起會議的副總終於抵達現場坐定。

「抱歉，我遲到了！我八點鐘的會開得太久。你們也知道，吉米不懂得怎麼準時結束會議。總之，大家的情況如何？」現場一片低聲喃喃自語。「好。那麼，今天是誰要報告？請把電腦連到螢幕，讓我們看到你的簡報，好嗎？」這句話帶出一個小小問題：在開會之前，沒有人發送議程，也沒有人知道誰要報告，或是要報告什麼。

副總巧妙地換個話題：「這樣好了，潔西卡，我之前在另一場會議看到妳做的新產品簡報。妳能在這裡再做一次報告給大家聽嗎？」除了遵命別無選擇的潔西卡只好說：「呃……我想應該可以。」七分鐘後，潔西卡的簡報出現在螢幕上──但會議室裡有超過一半的人，都已經看過這份簡報。

她逐次報告，副總在一旁看手機、回簡訊和電郵。突然間，副總起身道：「這真的很重要，我一定得接這通電話。」然後，他離開會議室，講了21分鐘的電話。與此同時，潔西卡繼續簡報。等到她講到最後一張投影片時，副總回來了說：「好，這對大家都有幫助嗎？」

我的描述或許有一點誇張，但我們都曾經開過這樣

的會。身為主管，你有力量改變開會文化，請務必留意你所開的每場會。

這才是開會

我們來思考一下，當你決定召開會議，會影響到哪些人。傳奇投資人、Y Combinator 的創辦人保羅・葛雷姆（Paul Graham）寫道：

> 管理者行事曆（manager's schedule）是給老闆用的。傳統的預約登記簿就是它的展現，把每一天以一個小時為單位切分時段……。原則上，你每個小時換不同的事做。
>
> 如果這是你運用時間的方式，那麼和別人開會是個很好解決的問題。只要在日程上找個空檔登記下來，就大功告成了。大部分高權位者用的都是管理者行事曆，這是指揮用的行事曆。[19]

那群向你報告的人，是實際上的執行者，他們用的是「創造者行事曆」（maker's schedule）。葛雷姆說：「如果你的工作採用創造者行事曆，開會就是一場災難。因為只要開一場會，可能一整個下午就泡湯了。」排在下午中段的會議，會把整個下午的時段切短到無法產出任何實質成果。「它不只讓你不得不切換工作，也會改變你工作時的心情。」

我不是主張我們應該排斥開會，或者應該完全不要開會，領導者有必要和團隊開會。我主張的是：在實際

開會之前，我們必須更加留意幾個根本問題，包括：

- **為什麼要開這個會？**真的有必要嗎？還是開會只是出乎不經思索的習慣與未加克制的慣性？
- **這場會議的目標是什麼？**這場會議要成功，什麼條件一定要對？
- **誰需要與會？**只邀請必須出席的人。
- **什麼時候開會？**葛雷姆指出，這個問題或許比大部分人意識到的還重要。為了創造最長的不受打擾時段，讓大家盡可能完成工作，會議可以排在早上8點或下午4點嗎？

　　無論你在哪個產業工作，你都希望你們團隊可以持續穩定產出，充滿實質的創造者。**無論他們的工作是銷售產品或做專案，你都要打造一個能給他們最多不受打擾時間的環境，讓他們處於最有可能成功的狀態。**身為領導者的你，是要為成果負責的人。你的職責就是在你的權力範圍內，盡可能為你的團隊開創優質的環境。

　　可惜，大部分的會議都沒有經過精心設計，太多主管只是要求團隊每個人把每週一早上10點的時段空下來，因為他們的主管以前也是這麼做的。即使團隊會議排在每週一早上的同一時段，週復一週、直至遙遠未來，議程總是在會前15分鐘才拼湊出來。等到會議開始（通常不準時），主管慢條斯理地開場（「嘿，大家週末過得怎麼樣啊？」），接下來的過程也是不著邊際地晃悠而過，一直到11點結束，才放大家離開。

　　結果呢？一週第一天的整個上午就這麼浪費掉，只因為「我們這裡一直都是這樣。」請打破這個循環，你一定可以做得更好，讓自己成為名號響亮的開會高手。如果你沒有理由開會，無論如何都要取消會議。

　　根據多年受害於惡劣會議、受益於有效會議的經驗，我琢磨出高效能會議的原則如下：

　　☑ **準時**。每一次都要準時，沒有例外。領導者是會議的定調者，絕對不要遲到。在你的行事曆上，會議前三十分鐘要空下來，確保你能準時出席開會。（關於這點，後文會再著墨。）

　　☑ **尊重出席者**。無論如何，會議要準時開始，不要說：「我們再等幾分鐘，等誰誰誰和某某某到。」每場會議都準時開始，你的與會者很快就會明白，你的會議他們不能遲到。

　　☑ **沒有議程，絕不出席**。講到開會，我覺得作家卡麥隆‧赫洛德（Cameron Herold）在《開會真討厭》（*Meetings Suck*）一書說得很好：「沒有議程，絕不出席。」在開會之前，發送詳細的討論大綱。議程不必長篇大論，雖然亞馬遜創辦人傑夫‧貝佐斯（Jeff Bezos）最著名的做法之一就是發一份六頁的 Word 文件，要求每位與會者在開會之前一定要讀過。發送議程不只是為了幫助團隊為會議做好準備，也幫助你保持會議準時、有重點，確定你們能夠善用時間。

　　如果你不願意為開會做準備，那就不要開會。每一

場會議都用同樣一份議程，比沒有議程還糟。這等於是在向你的團隊宣告，你是用行禮如儀的表面功夫在經營團隊，就像用自動駕駛模式在開車。投入必要的時間，準備一場有效的會議，至少在會議前一天發送議程，讓你的團隊可以為與會、發想點子和積極討論做準備。若是你期待與會者能就主題有高明的見解分享，大家當場能夠做出決策，你就必須先做好準備工作，他們才會有這樣的表現。每個人都應該擁有這樣的共識：「我們要努力減少開會次數，最好的辦法就是讓事情在這場會議就解決。」

☑ **丟出好問題，然後讓團隊說話。**你這個做主管要做的，就是提出好問題，徵詢團隊的意見。閉上嘴巴，打開耳朵注意聽。你傾聽與說話的比例，應該是80／20。也就是說，你不應該告訴你的員工做什麼，而是徵詢他們的意見，並且幫助他們找出答案。

☑ **設定明確的責任。**清楚傳達你根據開會結果對每個人的期望，確保每個人都知道自己負責做什麼。在離開會議之前，口頭上讓每個人都知道自己接下來應該做什麼、完成哪些事。

☑ **用電子郵件追蹤。**在每一場會議後，發送一封重點回顧電子郵件，詳細列出會議內容、接下來要採取的行動，以及誰要負責哪些工作。我是會議重點回顧信的堅定擁護者，這麼做要花時間嗎？當然。值得嗎？當然。當我還是個人貢獻者時，它能加強我在會議上學到

的事物,也能提醒我要負責哪些工作。當我以領導者的身分撰寫會議重點回顧信時,這麼做也能幫助我強化行動。(我在做我的《學習型領導者》播客節目時也如法炮製,每一集節目結束後,會親自寫詳細的節目筆記。它能幫助我更快速回想節目內容,讓我對訪談內容的印象更加深刻。)

重點回顧信要寫得好,有一些準則。發送會議紀錄(會議實況的逐字稿)通常沒有幫助,根據我的經驗,這種電子郵件沒有人會讀。即使你的團隊真的有人仔細閱讀,還是得費心解讀自己要負責什麼工作,我不會那樣做。我的做法是條列出會議討論內容,特別點明誰負責什麼工作,還有適用的完成期限。如果在信裡加上你自己的想法和學到的課題,還有你嘉許的事情,效果會更好。我也會補上在會議中提到的書籍或文章連結,方便同事學到更多。讓助理幫忙彙整電子郵件其實不夠有效,因為缺乏你的投入和聲音。

讀到這裡,你或許會想:你在跟我開玩笑嗎?開會已經占去我太多時間,這樣做會讓開會占去更多時間。沒錯,你說得對。但是,你要記得,這裡的目的不是減少為會議投入的時間——雖然你一開始就誠實面對是否有必要開會這個問題,花在會議上的時間就會減少,這裡的目的是要大幅提升你們的開會效能。要達到這個目標,沒有捷徑可抄,而身為團隊領導者的你,也必須多承擔一些工作。如果你要開會,就必須為開會做好準

備、研擬議程、訂定重要的行動項目、提出目標，然後在會後確認每個人都已經掌握狀況，知道自己要執行的工作是什麼，以此為會議收尾。

千萬不要帶筆電去開會，把筆電留在辦公桌上。當然，有筆電在手，有利於你做更完整的筆記，精確記錄會議內容，留待日後可以一字不差地再次檢視資料，可惜事實並非真的如此。潘‧慕勒（Pam Mueller）和丹尼爾‧歐本海默（Daniel Oppenheimer）的研究顯示，用紙筆做筆記的學生，學得較多。他們兩人在三個實驗裡，讓學生在教室環境裡做筆記，並測試學生對事實細節的記憶、對教材的概念理解，以及他們綜合與概化資訊的能力。一半學生用筆電做筆記，一半學生以手寫做筆記。一如其他研究的發現，用筆電的學生做的筆記確實較多。然而，各項研究都顯示，相較於用筆電做筆記的學生，手寫筆記的學生對概念的理解較強，應用與整合教材的能力也較高。[20]

人面前有便利可用的電子裝置時，比較不會專心聽別人在說什麼。就連一支蓋在桌面上的手機，也會引發群體的負面反應，對手機的主人不信任。請用做筆記的老方法取代使用電子裝置：一支筆和一本筆記，把手機留在你的口袋裡。此外，在與你的團隊成員一對一面談時，你也應該把手機收到你的視線範圍外的地方。如果你不斷瞄向你的電腦或手機，你與團隊成員的對話品質就會打折扣。在那些時刻，與你會面的人應當是最重要

的人，他們需要確實感受到這一點。如果開放、誠實的對話是你的目標，你也應該給他們這種感覺。移動位置，離開螢幕的前方；我的習慣是把椅子移到辦公桌側邊，藉此去除位於我們之間的障礙（辦公桌），創造更開放的談話環境。

　　身為會議的領導者，請務必做好準備，專注於當下；你要有目標，也要參與。最後一項要訣是：在會議前30分鐘，行事曆上不要排任何事。這能夠確保你準時赴會，也能給你時間準備，議程也可以依照最新情況做微幅調整。身為領導者，你是團隊的榜樣，他們會在其他會議裡仿效你的行為。當你的團隊有人得到升遷，有了自己的團隊，他們可能會按照你這個主管慣常的開會方式來開會，請為他們樹立優良典範。

觀念精要

- 精通溝通的藝術，在口語與文字上都成為溝通高手。

- 我們用溝通建立關係、表達感受、分享想法、與人合作，以成就無法獨力做到的事。

- 溝通時善用故事的力量。故事是我們的思考方式，能讓資訊更容易記憶。

- 良好的傾聽者像蹦床，在聽你說話時，能夠幫助你擴大、活化並釐清思緒。

- 壞消息不會因為時間而變好。放下你的憂慮或恐懼，問題要速戰速決。

- 高績效者想要得到反饋，也會主動尋求反饋。不要認為你的工作只是指導績效中等或低落的人。

- 不要只是基於傳統而召開會議，開會一定要有目的——為什麼開會？這個會有必要嗎？開會的目標是什麼？誰必須出席？會議要排在什麼時間？試試排在早上8點或下午4點，避免打斷一天中有生產力的時段。

行動方案

- 寫下你的故事，省思你的職涯裡的轉折點。記錄這些能夠幫助你更了解這些時刻，讓你在與別人分享相關經歷時，變成更有效的溝通者。

- 想出五個問題，當你做走動管理時可以問你的團隊。

- 想一下即將到來的一場重要會議，研擬你的會議計畫。事先發議程給與會者。記得你們開會的原由、主題、人員、時間等重要事項。

- 準時出席。每一場會議都要準時開始，沒有例外。由於你的良好示範，大家會尊重這一點，學會準時。

- 會議中不要看手機或電腦。把這些裝置收起來，給在場的人你完全的專注力，這是你表現尊重的方式。

- 安排時間，定期與高績效者會面。給他們坦誠的反饋，給予個人關懷，直接提出挑戰。

6

達成目標

我從很早以前就注意到，
有成就的人很少會好整以暇，等著事情發生在自己身上。
他們都是主動出擊，創造事物。
——達文西

當你願意承擔主管的角色，無論你是否真正意識
到，你這麼做就是選擇為團隊的成果負責。《傳奇》一
書作者詹姆斯・柯爾在紐西蘭國家橄欖球隊駐隊一段時
間後曾向我描述，領導者的角色就是：「為結果負責的
人。無論結果是什麼，勝利也好，事情出錯也罷，都要
完全負責。擔當與責任，為結果完全負責，我認為這就
是重點。」[1]

「為結果負責」這句話，聽起來或許很簡單——事
實上，大部分老掉牙的話聽起來都很簡單，而「為結果
負責」這句話，在領導力領域絕對是已經講到爛的老生
常談，但一句話不會因為是老生常談就影響到真實性。
真要說出「我負責」，成為必須為結果負責而被其他人
（包括老闆、顧客、董事會、投資人等）問責的人，並不
是表面上那麼容易的事。

為團隊的表現負責，是團隊主管的工作。你對你的團隊負有責任，為了幫助他們達成那些成果，你要有所作為。承擔指責，或是接受獎勵，都是簡單、直接的事，即使不見得容易——如果容易的話，推卸或逃避責任就不會是普遍的領導問題。想要確實影響組織或團隊的集體工作成果，完全是另一回事。管理職這個面向的工作更為困難、也複雜得多，這就是卓越領導者有如鳳毛麟角的緣故。

結果很重要

在我的職涯早期，有一家公司的高階主管有興趣找我擔任某個重要的領導職位。在那次面試時，他對我說：「我要找的是在多個生活面向裡有所成就的人。我想要找的是那種無論在什麼情況下，都能展現自己『會想辦法』的技能、意願和欲望的領導者。」儘管事隔多年，他在那場面談裡所說的字字句句，仍然鮮明地存在我的記憶裡。雖然我後來沒有得到那份工作，但是那場面談卻對我產生長遠的影響。

卓越的領導者要拿得出成果。一個教練如果輸掉太多場比賽，就會被開除。無論什麼競賽，這都是鐵則。同理，在商業世界，一個拿不出成果的領導者，很快就會失去團隊領導者的位置。雖然我堅信達成目標的過程也很重要，但是你的資歷要能夠反映出你是一位「有達標實績」的常勝將軍。

　　為什麼？因為組織需要前進。組織需要達到營收目標，需要在預算之內準時完成專案，創造持續前進的正向動能。實現這些事情是領導者的責任，展現你過去成功達標的資歷，是贏得重要升遷的關鍵，而以新任主管的身分成功達標，是保住目前的職位、為下個成長機會做好準備的要件。那麼，你要怎麼做？簡單說，就是：理解你所扮演的角色，理解你可以使用的輔助工具，從你自己和別人的經驗中學習，並且為了驅動進步，做好必要調整。

你必須三項兼備

　　我第一次升上主管時，原本打算順著我天生的優勢去發揮。我記得，我和父親討論過這件事，我告訴他：「我是偏向鼓舞型的領導者。我會分享願景、鼓勵團隊，超越我們的目標。我實在不是個有數字頭腦的人，我會找人在這方面幫我。」我父親立刻回應：「絕對不要再說這種話，或是有這樣的想法。你要帶團隊，你現在是領導者。你必須成為有數字頭腦的人，也必須繼續鼓舞別人。你必須領導、管理和指導。要成為出類拔萃的主管，你必須三項兼備。」

　　每當我回想起當時的心態，說真的，我實在不禁有點臉紅。我不知道自己哪來這種怪想法，居然認為只要三腳貓的功夫，就能夠成為卓越的領導者。當然，時間證明，我父親是對的。當我承擔責任為團隊成果接受問

責時，馬上就明白其中原因：如果我不願意兼顧管理角色的三個面向，就無法善盡職責。

　　你現在可能在想：「領導、管理和指導，究竟有什麼不同？不就是用詞上的差異嗎？」很多人都這麼想，包括我尊崇的一些領導者，例如湯姆‧畢德士就說：「領導伴隨著沉重的責任。管理伴隨著沉重的責任。但我這兩句是蠢話，因為兩者沒有差別。」[2] 儘管在畢德士的專業和觀點面前，我是微不足道的小輩，但我還是要說，我發現在我的整個職涯裡，把這三個詞彙視為三種不同功能，對我助益良多。無論你自稱「領導者」、「管理者」還是「教練」，擔任「主管」這個為他人表現負責的角色，其實集三項職能於一身，絕大多數時候都互有重疊。因此，我必須向畢德士先生說聲抱歉，我在本章會分別討論這三項職能。

領導（Leading）

　　「願景具策略性、表達具說服力、成果具體可見，這就是領導力的極致展現，」華頓商學院的麥克‧尤辛教授如此表示。[3] **領導的作為關乎為群體訂定目標、指點方向，以及啟迪人心。** 領導者勾勒願景、著眼大局，並且制定策略，以達成眼前的使命。領導者聚焦於傳達目標、打造團隊、建立聯盟，以及尋求成員的投入時，對成員的作用應該是啟發和賦權。引用畢德士的話：

我相信，無論是六人的會計師事務所、小學、電腦工廠或一個國家，高效能的領導力都來自主事者的活力、授權他人的意願，以及在個人與團體目標上激勵人心的技巧。

在商業世界，一流的策略家奇貨可居，他們能夠像西洋棋大師預先推敲五步棋般解構市場。西洋棋大師只需要思路領先對手即可，一旦他決定怎麼走，棋子就會怎麼動。

但是，無論在任何組織，當領導者可就不是這樣。領導者必須鼓舞他的臣子、騎士和士兵，如果想要每天看到世界級的品質與持續進步，那麼到了明天，領導者要再次為他們全部加油打氣。[4]

卓越的領導，需要具備《人性18法則》作者羅伯・葛林所說的「第三隻眼」，它能引領你著眼於大局，避免落入戰術的羈絆。卓越領導者有一種綜觀全局為團隊引領方向的能力，葛林在他的《戰爭33策》（*The 33 Strategies of War*）中寫道：「大部分的人在生活中都是戰術家，不是策略家。」[5]

我們會糾結於我們所面臨的衝突，以至於只能思考如何從眼前的戰鬥中得到自己想要的。從策略面思考不但困難，而且不是一種自然的天生能力。你或許認為自己在做策略布局，但很可能你只是在研擬戰術。[6]策略家能夠跳脫一次戰役、甚至是一系列戰役來思考，他們關注的是持久戰的方略，期望的是在屢敗屢起之後，還能夠一步步向勝利挺進。他們不會只是因為敵人出現就戰

鬥，只會在時間和地點都對的時候戰鬥。即使這樣，他們也會問「是否有可能不戰而勝？」這樣的問題。

> 想要得到策略的獨特力量，你必須要能夠站到高處俯瞰戰場，專注於你的長期目標，擘畫整體戰事，跳脫日常中許多戰鬥把你困在其中無法脫身的反應模式。記住你的整體目標，這樣你會更容易決定何時戰鬥、何時走開。[7]

　　主管從個人貢獻者轉型為領導者時，所要經歷的重大變化之一就是必須轉換心態，從更高層次的觀點來思考事情。當你還是個人貢獻者時，通常只需要從單一層次來思考目的、行動、工作和目標；一旦你升任主管，一切都會改變，你要開始思考公司的目標、公司的使命、公司的願景和公司的計畫。如果你想要不斷提升自我，盡早開始思考這件事才是明智之舉。我當年沒有立刻開始學習，我為此深感惋惜。

　　要像策略願景家一樣領導，你必須從像策略願景家一樣思考開始。這表示你要用多個焦點來思考事情，從最高層、總體的觀點，到最基層、特定的觀點；也就是說，從使命到願景，到策略，再到戰術。

　　這就是策略領導者的養成之路，再拆解詳述如下：

- **使命（Mission）**。我們為什麼要做這些事？我們公司存在的理由是什麼？我現在領導的這個團隊，存在的理由是什麼？

- **願景（Vision）**。我們要往哪裡去？這是連結使命與我們的產品、服務或目標的最後目的地，因此本質上勢必具有理想色彩。
- **策略（Strategy）**。這是規劃架構，勾勒出如何抵達願景中的理想目的地。
- **戰術（Tactics）**。執行計畫時，個人必須執行哪些細節？戰術包括具體執行細節與職責，但應該屬於協作性質，而且領導者在規劃過程中，就應該授權給團隊。執行內容必須一清二楚，務必確保所有問題都已經討論過，團隊能夠同心協力，並且熟知計畫。所有戰術都應該要能夠衡量，而且要有明確的個別負責同事。

你的年度五大重要發展方向是什麼？

一個有助於策略思考並對策略保持專注的好辦法，就是在「五大面向」列出你的年度重要事項。有了這張清單，你就能妥善規劃時間和心力的配置，穩步朝著實現這五大面向邁進。下列取自我在帶領銷售團隊時的一個範本：

1. **協助員工和顧客**。盡力關照那些對團隊成功最重要的人（你的同事），以及第二重要的人（你的顧客）。藏在心裡的善意，除非能夠透過妥善設計、以實現崇高理念為目的的有效制度傳達，否則終究沒有什麼意義。至於建構制度，則需要下功夫。

2. **維持團隊人力的最佳規模與組成。**最重要的就是人員的召募、任用、訓練和指導。

3. **管理關鍵指標。**團隊要長期保持卓越,哪些行為是真正重要的動因?話說「有評量的事物才會有人管理」,知道哪些是重要指標、找到評量方法,要求你的團隊對那些結果當責,就極為關鍵。

4. **持續開發新客戶。**公司就像人生,要生存就要成長,要成長得先活下去。每家公司都需要不斷爭取到新顧客,才能夠持續成長。

5. **維持現有顧客的滿意度。**有些最好的成長機會,其實藏在你們已經擁有的滿意客戶身上。知道如何辨識這些機會,並將這些機會真正化為成長,至關重要。這個策略焦點有個附帶好處,那就是你能夠經常接觸到實際顧客,從中得到洞見,而不是從產業報告中找線索。無論你是不是銷售人員,都應該撥出一部分時間,在第一線與購買、使用你們的產品的人互動。聽聽看他們的想法,了解他們為什麼喜歡你們的產品、哪裡可以改進等。聽聽看他們實際的說法,理解你們提供的產品或服務帶給他們的快樂或引發的痛點。用心理解顧客實際上說了什麼,能讓你成為更好的領導者,以及公司的擁護者。做簡報時,引用真實顧客說過的話,會比在螢幕上秀出一大堆數字,更具有說服力和影響力。聽他們說故事,訴說他們的故事。親自上陣,從第一手經驗中學習。

管理（Managing）

什麼是優良的管理？就是在你目前所處制度的限制下，找出有效工作的方法，這件事關乎資源的運用與看管。由於資源永遠是有限的（這是絕對不變的道理），因此有必要進行管理。如果時間和金錢真的不是問題，那麼管理者這個概念也就變得無關緊要，因為沒有做決策的需要，有無限資源可以投入每項專案，工作可以愛用多長時間就花多長時間，不會有任何後果。新上任的主管會面臨資源的嚴苛限制，無論是時間、預算或人力都是如此，而且限制比你想的來得更快。如果你面臨這種處境，請務必打起精神。就是因為有那些限制，你的新職位才有其必要。

我在當主管時，薪資和變動津貼有一個預算限額可以動用（給我想要雇用或挽留的人）。額度是固定的，不能跟公司討價還價，因此如果我渴望延請的「超級巨星」人選要求更多薪酬，我也只能束手無策。我必須找到既符合限制又管用的方法，這也是中階主管工作的一部分。

你要負責領導團隊達成的目標也是一樣。無論你的團隊要負責達成的目標是營收成長、顧客開發、產品開發、顧客服務滿意度或專案管理進度，你通常也會有一樣的感覺，必須在重重限制下達到高遠目標，而這些目標的設定與下達，通常沒有問過你的意見。

講到公司為我的團隊所設定的年度業績目標，即使

我覺得不合理，也根本沒有人會理會我的想法——無論在哪一行，這都是業務主管普遍的抱怨。目標就是目標，我的職責就是讓團隊達成目標，無論我覺得目標有多麼不合理，都無濟於事。我學會應用我母親在這種時候一向給我的建議：「不要為你無法控制的事情擔憂，只要關心你能夠影響的那些事物。」

資源限制，正是需要創意之處。如果你沒有為一個問題投注更多資金或人力的雄厚本錢，你就必須退一步，認清你要嘗試達成的目標，找出不同方法去做。我經常在公司各部門尋找資金，舉行「特別競賽」，或是有助於鼓舞團隊、提振員工士氣的活動。我在一家市值數十億美元的企業工作，我的團隊只是一個小單位（以宏觀角度而言），我認為找方法展現對他們的關愛，在他們努力工作、成績超標時，用獎品、獎金和正向反饋來獎勵他們，是我的工作職責之一。但是，我不一定能夠得到額外的資金，在那些情況下，我必須想出其他方法，讓我的團隊還是能夠因為優秀表現得到獎勵與感謝。

我有個習慣，就是我會發送電子郵件給我的頂頭上司，拜託他們做一件事，給我的某個團隊成員發一封「做得好！」的電子郵件，內容大概像這樣：「嗨，傑森，我聽萊恩說你達成目標了。你4月的業績達標189％？哇！恭喜！謝謝你的努力。」我有時會幫上司寫好內容，因為我知道他們有多忙，而他們最不想要就是在他們長長的待辦清單上再添一筆。沒有例外，我的

長官都非常樂意照辦，特別是我讓他們隨手就可以做善事，讓他們做得風風光光。只要化幾秒鐘複製我寫在郵件上的內容，在收件人的欄位貼上我的團隊成員的電郵地址，點一下「傳送」鍵，就大功告成。

　　所有這些小細節都很重要，它們能讓事情變得不一樣。當我們努力打拚，工作得到好成果時，都想要感受到愛護與肯定。**管理者的責任就是確保他們能夠如實感受到那份應得的愛護與肯定，在有限的資源下發揮創意，找出方法做到這件事。**

　　優秀管理者必須學習如何運用的另一種資源，正是組織本身，以及組織裡潛在的合作人脈。以構想和議案為核心，在企業裡與其他領導者建立聯盟和共識，是個人貢獻者不必、但管理者必須思考的一個重要面向。與那些和你的工作無關、但有一天可能會出現交集的領導者培養實質關係，是透過影響力做領導的準備工作。

　　你不能只在你需要他們的貢獻時才去找他們，這麼做可能有開啟惡性循環的風險。如果別人普遍對你形成一種印象，認為你只有在有求於人時才會與他人互動，那麼他們願意點頭幫忙的機會就會降低。相反地，如果你平時就投入時間和心力，用心經營與他人的實質關係，那麼當你需要他們的協助或在某項議案上的支持，才更有可能得道多助。在眼前沒有具體目的的時候就耕耘關係，有一天在你最需要收穫的時候，果實之豐碩可能讓你訝異。

8步驟做好變革管理

　　管理有限的資源，只是管理者需要關注的範疇之一，另一個占據管理者注意力的範疇是「變革管理」——它無所不在，雖是老生常談，卻真實無比。變是競爭商業市場不變的道理，因此公司內部執行事務的方式也會變動。這些變動對你的團隊成員究竟是加分或扣分，取決於身為團隊領導者的你如何引領他們歷經變動。如果因應得宜，你的變動管理就是團隊穩定的船首，幫助他們乘風破浪，在變動的驚濤駭浪中，仍然保持在預設的航線上前行。

　　變動會遭遇抗拒，主要原因就是不確定性。沒有人喜歡不確定性，如果人們對領導者缺乏信心，不相信他對於他們的方向真的有一套清楚的規劃，那麼變動順利實行、產生正面成效的機會就會很渺茫。《首先，打破成規》（*First, Break All the Rules*）一書作者馬克斯・巴金漢（Marcus Buckingham）認為，減緩不確定性的能力，是領導者值得追隨的原因：「你追隨某人是因為他能讓你對未來有信心。『我想要把我的車掛著你的車尾跟你走。』未來可能令人害怕、充滿不確定性，卓越的領導者會設法讓世界變得沒那麼可怕，為眼前的處境注入某個程度的確定性。」[8]

　　一個幫助團隊順利航行、安然渡過變革的方法，就是幫助他們專注於沒有變動的事物。許多領導者嘗試實

施變革的方法是指出現狀的問題，並與新方案的預期利益做比較。根據《哈佛商業評論》最近做的變革管理研究報導，這種理性的方法其實可能反而有害：

> 強調未來變革之利、現狀之弊的變革領導，通常會引發恐懼，因為它顯示這會是一場根本性的變革，不但傷筋動骨，而且範圍廣泛。與一般直覺相反的是，有效的變革領導必須強調連續性，也就是我們這個組織的核心身分認同（「我們是誰」），就算眼前有不確定性和變動，也會得到保存。[9]

換句話說，我們的營運方式和策略或許會演變，但是我們的團隊身分認同仍然不變。所有在企業界工作的領導者都曾經歷過變動，未來還會經歷更多的變動。商業唯一不變的常數就是變動。高效能領導者會為變動做準備、預期變動出現，並且理解如何在變動發生時，向他們的團隊宣達使命。**變動即將出現時，為了克服你的團隊對變動的抗拒，你可以在傳遞相關訊息時刻意強調延續性，以安撫人心。**

暢銷書作家、哈佛商學院榮譽教授約翰・科特（John Kotter）是領導變革的先驅之一，他在《領導人的變革法則》（*Leading Change*）一書中，分享了一套包含八個步驟的流程，可用於引領組織歷經變革。他所提出的這套流程，是我在領導團隊時一再參考、採用的架構：

1. 建立危機意識
2. 成立指引小組

3. 建構願景和策略

4. 溝通變革願景

5. 賦權員工於廣泛行動

6. 創造近程勝利戰果

7. 鞏固戰果，再創更多變革

8. 讓新做法深植於文化中

下列這個例子，可以概括說明這套流程的實務樣貌。

「這會在接下來的 60 天內發生。我們要走在前面，成為早期採納者，成為組織其他單位的先鋒。」在較高的層次上，身為領導者的要務，就是告知實行變革所需要的時程細節，因而激發一種迫切感。接著，需要找到團隊內部的領導者加入指引小組，這些人了解變動是常數，並且視變動為機會，能讓自己在同儕中脫穎而出。在別人為未知和不確定性擔憂之時，這些團隊領導者選擇當開路先鋒，他們是指引小組的核心要角。

其後，必須確保我們有傳達故事的能力，並有清晰、簡潔、好記憶、有用的願景。願景的建構和分享都必須有效，以便對團隊產生正向影響。然後，信任並授權給團隊，賦予他們自由。信任他們能夠做選擇和決策，這不是微管理下指導棋的時候。如果是「他們的」決策，他們就會更努力達成正向成果。記得表揚那些擁抱變動的人，讓他們成為焦點。即使是最微不足道的成就，都要想辦法慶祝，並傳播消息。向你的團隊傳達這些成就的價值，特別是那些還在猶疑不定的人。最後，

讓這些成就成為新行為準則和期望的一部分。

NASA阿波羅11號和13號任務的指揮官克蘭茲說：「要與你共事的人實現高績效，抱持對高績效的期望是前提要件。你的高標準和樂觀預期無法保證一定會有好結果，但是沒有這些，事情注定會反其道而行。」[10]你對於實行變革的期望和傳達內容也是如此。這種「新」方式就會變成「唯一」的方式，所以請記錄、分享、講述、實行。

指導（Coaching）

如果領導是關乎策略願景，管理是關乎行政把關，那麼指導就是關乎培育教導。教練的工作就是指導，指導不是為了教育或提供資訊，而是為了改進。身為團隊主管，這類指導可以歸納為兩種類型：1.）專業發展的指導（績效）；2.）個人發展的指導（成長）。

幫助同事提升績效表現

最有利於提升績效的指導時刻，就是緊接在表現後的時刻。這些經常、立即的微指導應該每天實行。幫助你的團隊即時調整，提升他們的技能水準，並不需要像培訓那樣投入長時段的時間。相反地，它是在片刻之間（計畫內與計畫外）可以做好的事，而你的上司可能沒有體認到那些指導的重要性。只有本身能夠勝任工作的人對他人的指導，才能發揮培養他人專業技能的效果。因

此，身為團隊的領導者，你最好對你的工作很在行。

　　當我從領導一個以律師為銷售對象的團隊，變成領導一個以臨床人員為銷售對象的團隊時，產品與產業之間有如鴻溝般的差異，在在讓我感到自身的不足。我必須投入大量時間研究新產業，那些晦澀的專業術語，對我來說簡直就像外語。即使我需要時間摸索新事業領域的樣貌，這並不表示我能夠在摸清楚之前一直迴避當團隊教練的職責。在留心我不知道的事物、將勤補拙的同時，我還是能夠提供沒有產業別限制的微指導，像是在B2B銷售環境下的基本溝通技巧，包括：如何為會議開場、後續跟催時可以追問的問題、如何寫提案信、順利獲得下次拜會的方法等。在提升績效的指導時間，這些技巧的份量不亞於領域專業。

幫助同事獲得個人成長

　　為了促進員工的成長而做的指導，涉及更長期的思考；在這種指導模式下，你的目標是幫助他們在工作表現之外，也能在個人層面有所成長。**這需要你與他們在一對一的情況下進行對話，談論他們的職涯抱負，你也可以針對他們個別的需求與長處，和他們分享書籍、播客節目或其他自我提升的工具。**

　　這些和個人發展有關的對話，是創造那種讓人想在工作上發揮極致表現的文化的重要工具。如果人們知道老闆會為自己的長期利益著想，同時以短期的方式幫助

自己提升工作表現，他們的表現水準就會顯著提升。事實上，如果你接受領導者要同時做好兩種指導工作的概念，同事的最佳表現可能會讓你感到驚喜。

你必須願意做必要的艱苦工作，還要比大部分人願意做的做得更多。那表示，你要努力以有意義的方式，了解你的每個直接部屬——他們是什麼樣的人？在工作以外的興趣是什麼？個人動力為何？為什麼要做這份工作？他們的另一半和子女叫什麼名字？你能夠做些什麼，長期而言對他們有幫助？你如何幫助他們發展職涯，為下個階段做好準備？你要如何幫助他們獲得升遷？你要如何幫助他們提升手上正在做的專案水平？你能夠做哪些具體的調整，幫助他們提升績效？這些問題的答案，是做好團隊指導工作的關鍵。如果你不是真的了解你的團隊成員和相關工作內容，就無法回答這些問題。

信不信由你，你的組織裡可能有人不支持你用這種方式帶團隊，其中甚至包括你的老闆。我就曾經遇過這種上司，不喜歡我花這麼多時間指導部屬的個人發展。他關心的是短期的成果，他覺得我對團隊成員長期卓越表現的關注，稀釋了創造成果的時間和心力。如果你像我一樣，堅信領導者的職責是幫助團隊成員長期成功，堅信「只有團隊成功，我才會成功」，那麼你就必須建構一套計畫，因應別人可能的抗拒。

如果你協助進步的對象最後升遷到新職位時，帶著成果離開你的團隊，這點尤其真實。沒錯，你可能必須

給希望你的團隊不斷達標的老闆一個交代。對於這個令人傷腦筋的問題，我只會問：難道你不希望成為幫助他人進步和成長的領導者嗎？以身為這樣的主管聞名，你應該感到自豪，而且這份名聲長期而言終會成為你的助力，更勝於任何你在短期內達到的成果。

檢討失敗，更要檢討成功

當事情出錯時，領導團隊通常會做「根本原因分析」（root cause analysis）——有些事情沒有達到預期成果，必須了解為什麼。他們舉辦為期數日的高峰會，大家一起解構失敗，分析某件事為什麼出錯。那很好。然而，主管在做指導工作時，卻太常如法炮製，那樣會錯過我在同事達到某個程度的成就時問他的第一個問題：你是怎麼成功的？

失敗分析有其價值，也應該做。然而，以我所見，很多事情的關鍵卻經常是成功之後沒有做事後檢討。不這樣做的原因也不難理解：誰想要把慶功、為下個挑戰做準備的時間，拿來深入分析已經成功的事？可是，**當你的表現超越目標或指標，正是暫停、深思、理解事情為何如此順利的最佳時機**。或許，你只是運氣好？或許不是。身為領導者，知道哪個是正確答案，理解某件事為何奏效，極其關鍵。

你當然會想要複製成功，但如果你不理解事情的究竟，就無從複製起。有次我與前NFL總經理、有三枚超

級盃冠軍戒指的麥克・隆巴迪（Michael Lombardi）談話，他告訴我他與新英格蘭愛國者隊總教頭比爾・貝利奇克（Bill Belichick）一起工作時的一段故事。有些人認為貝利奇克是美國職業美式足球史上最偉大的教練，他已經贏得六次超級盃冠軍，目前持續累積中。隆巴迪說：「貝利奇克教練總是想要知道為什麼。在一場大勝之後，我們做的分析多到我不曾有過。我們爬梳每一回合的細節，深入理解為什麼會贏，還有怎樣可以贏得更漂亮，這就是他為什麼這麼常贏球的原因。」

下列是一些能夠幫助你檢討成功的實用訣竅。

1.）寫日記。了解你在一年中特定時刻的感覺、你做那些決定的原因，這些細節對於理解成功的原因非常重要。數位音樂發行公司CD Baby創辦人暨作家德瑞克・西佛斯（Derek Sivers）告訴我們，為什麼他相信寫日記很重要：

> 我們在做人生的重大決策時，經常是根據我們對未來的感受，或是未來想要什麼的預測。過去的你，是你在未來面臨類似情況時會有何感受的最佳指標，因此過去的精確描繪很有幫助。你不能信任模糊的記憶力，但是你可以信任你的日記。
>
> 　關於未來的你……你的人生在這一刻的真實情況，就是最好的指標。如果你覺得自己沒有時間寫日記，或是寫日記不夠有趣；切記，你是在為未來的你做這件事。[11]

在你的職涯路上，你會感謝自己在過去的成功時刻所做的紀錄。你當時在想什麼？你從團隊學到什麼？你的老闆說或做了什麼，對你產生正面或負面的影響？把這些寫下來，就是把每一個點連結起來成為軌跡，你在未來就能夠回顧，看到自己如何締造成功的圖像。

養成寫日記的習慣，也是保存智慧的絕佳工具。紐約市得獎餐廳麥迪遜廣場公園11號（Eleven Madison Park）的老闆威爾·吉達拉（Will Guidara），分享他父親在他年輕時給予的一個好建議：「當你是餐廳雜工時，你會有餐廳雜工的想法。當你成為服務員，你就永遠不再像以前一樣有餐廳雜工的想法。一旦你當上經理，你就永遠不再像以前一樣有服務員的想法。我父親總是要求我寫日記，這樣我才能成為最有同理心的領導者，因為當我讀我的筆記，就能夠真正回到往日，對我領導的人擁有一份理解處境的深厚能力。」[12]

2.）與你的團隊訪談。不要等到事情出錯時才與你的團隊成員深入對話，分析他們為什麼開創了精彩的一年，在你的頂尖人才身上找出共同點。他們每天實際上都在做什麼？抱持對每個人如何執行業務的好奇心和學習欲，接觸團隊的每個成員。

在我管理銷售團隊時，我會邀請事業單位的資深長官走進我的團隊，觀察、聆聽銷售人員做事的情況。我團隊裡有個業務，是整個事業單位表現最好的。我們有位「長」字輩的領導者，在他身邊觀察了一個小時。之後，

我問長官：「您看到什麼？」他回答：「這個年輕業務同仁的專業和做事速度讓我驚嘆不已，他自己建立了一套系統，可以很快完成所有的行政工作，像是發電郵、提案、列出客戶的聯絡清單等，這讓他可以與更有成交潛力的顧客談話。他建立了一套很棒的跟催系統，讓他不會遺漏任何事項，交易過程全都在他的掌握之中。」

　　這位高層長官把他從我團隊這位業務同事身上學到的課題，與全組織的人分享。這種研究、訪問績效一流人才的做法，對於同事本人和他人都有長遠的影響。第一，它能夠幫助公司的其他人。第二，它讓績效頂尖的同仁成為焦點，讓他不只是表現優異的工作者，也是工作方法可以嘉惠他人的優秀同事。那名同仁感到無比自豪，因為他的工作成果與工作方法可以為別人帶來成功。這種加乘效果，成為推動他的職涯前進的正向動力。

　　3.）與你的英雄訪談。如果你願意開口問，有很多智慧等著你去汲取。除了為我的播客《學習型領導者》定期錄製訪談，與各行各業的領導者對話，包括大企業的執行長、創業家、退役美國海豹部隊隊員、職業運動員、教練、暢銷書作家等，我也有一項規律的練習，那就是用電子郵件與我景仰的人做訪談。

　　我發現，無論對方是你最欣賞的老闆、爸爸媽媽，或是你的社交圈裡某位對他人有正面影響的領導者，邀請他們花時間寫下答案，大都能得到深思熟慮、有助益的回覆。接受我用這種方式「訪談」的對象，通常會謝

謝我「強迫」他們進行這種深度的內省功夫。我有些最好的學習，都是拜定期實施這項做法所得。

由於我對此有相當正面的體驗，也給我在「學習型領導圈」和線上課程「學習型領導學院」（The Learning Leader Academy）帶的人出這道功課。從他們給我的反饋可以證明，我的經驗不是罕見特例。下列是其中一位與我分享的心得：「我剛剛收到我心目中永遠第一名的老闆給我的回覆，答案實在太精采了！然後，我們通了電話約見面，我已經有十年沒有見到她了。因為這項練習，我們又恢復聯絡。謝謝你！」

勇敢跨出去，開口問別人的想法，能夠帶來許多好事。它能讓你與以前的朋友、同事和導師重新聯絡上，同時讓你掌握你的學習。在你往前進時，請務必把這項練習放進你的學習架構中，我向你保證，你不會後悔。事實上，如果你開始做這項練習，我非常樂意聽你告訴我事情的發展。等你試過以後，歡迎你寫電子郵件給我（Ryan@LearningLeader.com），讓我知道這項練習對你有何影響。

打好日常基本功：訓練（Training）

業務人員訓練師與講者菲爾・瓊斯（Phil Jones）曾經問我：「你會選哪一個——好、更好，還是最好？」我想都沒想，立刻回答：「最好！」[13]瓊斯說，這是每個人幾乎都會犯的錯。想一想，你過去的「最好」，早

已被你自己超越。我們會用「我盡力了！」這樣的謊言欺騙自己，如果我們足夠誠實面對自己，就會發現自己可以做得更好。所以，**我們應該把注意力放在「做得更好」，而不是「做到最好」。**我們永遠都在追求登峰造極的路上，知道自己或許永遠都不可能抵達巔峰，實作和訓練就是這種追求的練習。

　　高中時，我從隆恩‧烏爾里（Ron Ullery）教練艱辛的訓練裡，學到平時練習比正式比賽更嚴苛的益處。我們忍受感覺像是永無止境的反覆練習，連最微小的細節、最基本的動作都要講究完美。除了身心狀態要優於我們面對的每一個對手，我們也要累積量能超乎想像的肌肉記憶，這樣到了真正上場比賽的時候，我們的身體才會轉成接近自動執行模式。鼎鼎大名的NFL傳奇教練比爾‧沃爾希相信，要在壓力爆表的情況下勝出，精通基本功是最佳策略：「打超級盃時，我或許還比較不會那麼講究策略，因為我認為，極度的壓力罩頂之時，基本功更加重要。」[14]

　　身為主管，我希望我們的訓練課程比實際的業務拜訪更具挑戰性。訓練應該放進每週的工作行事曆，有些訓練應該由做主管的你來帶領，有些則應該由團隊成員來帶領。**為規律練習設計有難度的環境，才能激發出更「自動」的回應，等到真正上場時，會更容易做出最棒的回應。**紐西蘭國家橄欖球隊的訓練和練習計畫裡，有一部分特別聚焦於「automatus」這個拉丁字，意思是「自

動自發」。[15]準備要做到當團隊上場比賽時，表現已經成為一種「本能」，而不是必須經過「思考」的產物。職業滑降賽選手每天都做這樣的練習，在出發滑下坡道之前會抓好邊界，這個動作雖小卻非常重要，提醒訓練時要注意微小細節。

身為團隊主管的你，可以積極創造出一種環境，讓訓練和練習成為文化的一部分。我在我的播客節目第300集邀請我的父親擔任訪談嘉賓，他說的一段話，完全抓住這件事的精髓：

> 即使你在你那一行已經爬到高位，每天還是可以在細節上精進，這件事非常重要。如果你覺得細節的鑽研對你沒有啟發，那就表示你還沒有摸到門道。有一次，我去日本旅行，在參觀一個業務單位時，我看到一整間辦公室裡的日本業務人員，都在練習他們要赴約的拜會。他們一而再、再而三反覆練習要怎麼說話、要怎麼回應反對意見等。我想，就是要這樣才會成功。

有時要確保團隊獲得妥善的訓練，就必須特別找人來指導他們。如果你需要領域專家幫助你的團隊進步，找到最佳人選、邀請對方來團隊演講，就是你的責任。如果有某個新推出的產品能夠增進團隊的知識，那就邀請產品的關鍵設計人來演說，並在會後聽你的團隊分享他們學到的。建立一個學習流程，讓他們吸收所學、自所學萃取精髓，清楚且簡練地解釋自己學到的東西。

創造一個連貫的學習環境，讓訓練和學習成為團隊的DNA。

世界級舉重選手、「快樂身體」（The Happy Body）健身課程創辦人澤西・格雷戈雷克（Jerzy Gregorek）提醒我們：「困難的選擇帶來輕鬆的生活，輕鬆的選擇帶來困難的生活。」[16]身為領導者，要創造、實踐規律訓練可能是件困難的事，你可能會遭遇團隊成員的抗拒，但沒有關係，因為現在艱苦的磨練是為了創造未來的適意生活。

已逝美國海豹部隊傳奇隊長理察・馬辛克（Richard Marcinko）也有一句類似的名言：「訓練時流的汗愈多，戰鬥時流的血愈少。」[17]像「我們沒有時間訓練，因為有很多工作要做」這種話，說起來簡單得多，卻也短視得多。大部分的人都會這麼選擇，錯失了持續進步的機會。**為了讓你的團隊擁有成功的最佳條件，你要著眼於長期：訓練、訓練、再訓練，還有練習、練習、再練習。**

謙卑帶來自由

《擁有越少，越幸福》（The More of Less）一書作者約書亞・貝克（Joshua Becker）寫道：

> 人會因為謙卑而擁有極大的力量。謙卑的人擁有完全的自由，能免於想要令人刮目相看、證明自己正

確或領先他人的欲望。挫折與失落對於謙卑的人影響較小，謙卑的人能夠充滿信心地迎接機會持續成長與進步、拒絕社會貼標籤。謙卑的人生，能夠得到滿足、耐心、寬宥與慈悲。[18]

本章談的是取得成果，我選擇用「謙卑」這個主題做為本章結尾，因為這是領導修練開始開花結果時經常被拋諸腦後的課題。「謙卑不是小看自己，而是少想自己。」謙卑可以讓你自在表現，也幫助別人在不必顧慮你的狀態下自在表現。**領導者的職責，就是幫助別人成功，這種僕人心態的領導方式，具有強大的力量**。從一開始就明白這點，是一個很好的起點。考波曼告訴我：「這是一場關乎接受你自己，同時不放棄自我提升的戰鬥。你要不斷努力追求那個你永遠無法達到的完美境界，你要接受你自己的脆弱和錯誤。」[19]

對我來說，這是一個要花時間、等我變得成熟一點，還有靠別人的幫助才學會的課題。當我還是個積極打陌生電話開發的業務，最先想到的是為我自己摘下每週業績排行榜的冠軍，並且努力坐穩每週第一名的寶座。對於身為排行榜頂端常客的我來說，要接管一個排名墊底的團隊，真的是需要放下身段的事，有時我甚至感覺到屈辱——突然間，我的名字和一個計畫達成率只有77％的團隊擺在一起。沒有人想聽我的藉口：「我是新來的，這些都不是我找的人」，或是「我需要一些時間整頓，讓團隊步上正軌。」儘管這些都是事實，但從

我成為團隊主管的那一刻起，我就得為團隊成果負責。

　　無論你面前有什麼樣的新挑戰，你最不應該採取的行動，就是因為不滿意目前的結果，而和你的團隊做切割。信我一句：要避免這麼做的最好方法，就是讓謙卑成為你的領導心智程式中的核心元件。如果你能站穩「我不重要」這個立場，就不會去做顧全自己面子的事，而能夠忍耐繁雜的工作，幫助你的團隊追求卓越、脫穎而出。

　　奉勸你，請務必在你的職涯早期就學會這個課題；我犯過的錯，請不要重蹈覆轍，這對你（與你領導的人）會很有助益。adventur.es 執行長貝修爾告訴我，人生要抱持著服務他人的心態，而不是被他人服務：「當我愈常付出不求回報，生活就過得愈好，別人的生活和我的生活都是。這個想法與直覺和文化都格格不入。」[20]

　　我曾向我自己很欣賞、也是高績效的主管姐絲汀・金（Dustyn Kim）請教，為什麼她能夠、也願意說「我不知道」這句話，而且經常向團隊透露她的恐懼和脆弱（我當時是公司董事，我們團隊裡的每個人都是那樣的層級，甚至更高。）她這樣回答我：

> 這個方法絕對是我天生的本能。話雖如此，當我升任總經理之後，我也有質疑這項本能的時候。我懷疑，如果我不是每次都有清楚的路徑和大部分的答案（若不是全部的話），我是否還會得到團隊的尊敬？在我揣度這個問題時，我體認到，什麼都懂、

什麼都會那一套對我不管用，原因如下：

1. 我沒有一流的演技，我不確定能否假裝自己知道所有的答案；
2. 這會給我造成很大的壓力，以我個人的高標準來說，這可能會讓我覺得自己一直失敗；還有，
3. 最重要的是，我發覺，我們所面臨的挑戰，有些最好的解答往往出自團隊——除了我的直接部屬，還有更廣大的團隊，因為他們每一天、一整天都在最接近潛在顧客及現有顧客的地方。

此外，我知道，如果大家覺得這條前進的路徑是自己參與擘畫而成的，就會更加支持，以更有意義的方式投入。在這麼高的規格上讓自己毫無防護而無所遁形，一開始真的很恐怖——就像你身上別著麥克風，燈光打在你身上，放眼望去，台下淨是黑壓壓一片聽眾，等著你領導、啟發。一旦我跨出那一步，看到由此產生的正向反饋迴圈，我就知道我是走在正確的道路上。

姐絲汀一次都沒有用到「謙卑」這個詞，恰如其分，因為那正是謙卑的領導作風才有的表現。

向上管理的藝術

可是，如果你要負責提交成果的對象，不是像姐絲汀這種謙卑領導者的典範呢？我從《學習型領導者》節目聽眾那裡最常收到的電子郵件，內容多半像這樣：「萊恩，我盡力追求個人和事業發展。我有閱讀的習慣，

會看TED演說、聽你的播客，我總是想要學習更多、提升自我，但是我的老闆（們）沒有我這樣的求知欲。他們抱持那種已經什麼都知道的心態，我發現，雖然他們都是能力不錯的人，但絕對不是無所不知……。我該怎麼辦？」

　　向上管理——管理你的老闆，還有老闆的老闆等——是一項挑戰，不過也是可以培養的技能。如果你選擇在一個你有頂頭上司的組織工作，切記：你有一部分的職責，是要讓你的上司的生活更輕鬆。無論他們對成長抱持什麼樣的心態，無論你們之間可能有何歧異，如果你想要留在現在的公司、在現在的老闆底下工作，那麼你就應該特別注意兩件事：1.）為你領導的人服務；2.）幫助你的老闆成功。

　　要批評老闆或執行長哪裡不好很容易，我們都做過這件事。在我看來，如果我們自己當領導者，有些事顯然是我們要做的，但是問題就在這裡，我們是從自己的角度去看事情，而不是從「他們的」角度。在你沒有看到事情的全貌之前，請小心不要太快對別人下定論。我們都不完美，只是每個人不完美的地方不一樣。

　　對於我們認為有所不足的領導者，我們要了解與剖析的面向，最重要的就是他們的意圖。他們是否有正向意念，想要做對的事情？如果答案是肯定的，那麼他們之所以無法展現高效能領導力，可能是受到缺乏知識、技能或經驗所累。如果是這種情況，有辦法解決。我們

可以小心站到「向上指導」的位置上，當他們的行徑造成問題時（對於無效領導的負面效應有所感受的，很可能不只你一人），我們可以說出實際感受、提供反饋。

　　簡單地說，遇到搞砸事情的好人，還是可以設法與他們共事，因為好人往往能夠、也有胸襟接納正面方式提出的建設性反饋。就像職籃教練約翰‧卡利帕里（John Calipari）於2019年NCAA四強賽一項活動在台上和我說的：「和好人打交道，可能得到壞結果，這種事難免。但是，和壞人打交道，絕對不會有好結果。」

　　從另一方面來說，如果你認為這個領導者剛愎自用，不在乎自己的行為對你和你的團隊造成什麼影響，那麼你可能必須做一些困難的決定。在那種情況下，或許是該著眼於長期，開始在組織外尋找職涯成長機會的時候了。你要非常謹慎探究令你擔憂的情況和領導者，最後必須判斷對方真正是什麼樣的人，據此選擇你的回應：a.）留下來、給予反饋，誠實說出想法；或是b.）整理好履歷，開始尋找更適合的組織。這是一個不能輕率而為的選擇，因為這是你不能做錯的決定。

　　切記一個關鍵：絕對不要在你領導的團隊面前，顯露你對老闆感到氣餒。身為領導者，我們有責任為團隊挹注樂觀和熱情。我們不能容許自己這麼輕易在團隊面前背棄老闆，因為這樣無助於他們竭盡全力拿出最好的表現，只會把他們也拖進沮喪的深淵。

　　向上指導或向上管理的最好方法之一，就是建立你

想要在你自己的團隊裡看到的文化和習慣，從中贏得成果，看著它傳播出去。讓你們的成果自己說話，宣揚以謙卑為本的領導，發揮創造力的管理，以及嚴格訓練的指導。由內而生，看著它流傳。這是長遠的賽局，需要時間，也需要你們團隊展現一流的績效。很快地，組織的其他團體會來打聽你們是怎麼做的、做了什麼、為什麼這麼做，還有他們能夠怎麼做。即使是懷疑態度最強烈的老闆，也會被這樣的發展打動，進而相信你的理念。

觀念精要

- 我們必須領導、管理、指導,三項兼備。

- 主管要為團隊的工作結果負責,無論結果為何。

- 領導就是要指出目標、引領方向和給予鼓舞。領導者要提出願景、看到大局,並建構達成使命的策略。

- 管理是要在你所處體制的限制下(例如:金錢、人力和制度)找出可行的方法。

- 變革管理是常規的職責。減緩不確定性的能力,是領導者值得追隨的原因。

- 指導是有益於發展的教導,能讓人進步。指導是為了提升工作表現,也是為了增進個人成長。

- 只有團隊成功,領導者才會成功。

- 謙卑不是小看自己,而是少想自己。謙卑能讓你自在發揮,自外於想要證明自己出色、正確或優越的欲望。

- 秉持服務心態領導。你的職責是幫助別人成功。

行動方案

- 列出你的年度五大重要發展方向，這是你規劃時間和心力最佳配置的起點。

- 詳細列出你的職責範圍內必須做好管理的顯著限制條件。

- 在每一項專案結束後做事後檢討。從成功中學習和從失敗中學習一樣重要，無論輸或贏，你都必須知道為什麼。

- 回想你接受過的最佳指導，細想它之所以好的部分。

收穫

「Arete」這個英文單字「刃嶺」，
意為「卓然超群」或「道德價值」。[1]
在古希臘文，這個意思與目標或功能的落實有關，
也就是一個人把潛能發揮到淋漓盡致。

「優良的領導關乎解決問題。迎向問題，並努力解決問題。不要執著於升遷，專心把你現在的工作做到盡善盡美，然後門就會開啟。」前任惠普公司董事長兼執行長卡莉·菲奧莉娜（Carly Fiorina）這樣對我描述何謂領導。「你需要樂觀主義和現實主義並重，你必須正視現狀。相信事情會好轉很重要（樂觀主義），但是張大眼睛、實事求是也很重要。保持誠實，看清真相，根據事實採取行動。」[2]菲奧莉娜就是抱持著這個觀點，在科技先驅惠普公司從第一份基層工作一路做到執行長（在過程中成為《財富》50大企業第一位女性執行長），最後在2016年角逐共和黨總統候選人。

這段話也恰如其分地點出本書的根本理念：領導者、值得追隨的領導者，會以清明如鏡的誠實檢視自己、團隊和眼前的挑戰。他們會特別留意不足、缺點和

盲點。他們認清現實，但不會接受現狀注定不可改變；相反地，他們會努力填補不足、克服缺點，並且照亮盲點。領導者付出這些努力是因為相信，如果按部就班、以謙卑的態度努力學習，並且鼓舞他人也這麼做，他們自己和團隊不但有可能進步，進步也是水到渠成的事。這種領導風格，不是為了追求自身的榮耀或利益，而是運用來自職位的力量清除路障，讓別人也可以毫無阻礙地追求自己的成功。這麼做，你就會像那些領導有成、看到他們幫助的人成功的領導者一樣，感受到一種獨一無二的純然喜樂。

回到本書的一開頭，珍妮佛來我的辦公室的那一天，我當上新任主管還不到一週，而我對於身為主管的意義預先抱持的觀念，在那一天完全摧毀。距離那一天五年後的二月，我們公司所有的銷售團隊和經營管理團隊，都聚集在德州達拉斯召開全國業務會議。活動的最後一個晚上是「卓越圈」（Circle of Excellence）頒 晚宴，我的團隊剛剛完成表現優異的一年，而這次慶祝是這一年的高潮。我們的表現是否足以贏得年度最佳團隊獎，答案還沒有揭曉，但是從初步的數字來看，我們很有希望。

當晚宴進入尾聲，熱鬧的音樂和活潑的聲光秀，把現場氣氛愈炒愈熱。宣布得獎者的時刻終於到來——誰是這一年業績超標、表現足以加入卓越圈的業務員和銷售團隊？名單念到一半時，我聽到我的名字，我們團隊這一桌爆出陣陣歡呼，大家相互擁抱，我們做到了！這

是一條漫長而艱辛的路，從幾年前達成率只有77％的墊底團隊，一路爬升到今天的局面。我們歷經了重大轉變，在團隊文化與組成上都是。雖然那些轉變很辛苦，但是那一切造就了這一刻。體驗到表現突飛猛進的那股興奮，印證了一點：求知欲、充分授權和成長心態的思維，是超越公司給我們的高目標的關鍵。那種代表我們團隊的感受，以及最後贏得業績排行榜冠軍的感受，是我在職涯裡最滿懷感恩的時刻。

在慶祝會之後，我被點名參加董事職務的面談，肩負更大、更全面的管理責任。在面試過程結束時，我得到那份職務，我的老闆只說：「把你在你的團隊裡實行的那一套搬過來，不過要擴大規模，我只要求這一點。」那次升職，並不是我展開管理旅程時原初追求的目標，它是承擔眼前的責任、表現優異所得到的卓越獎。一如它在我身上的應驗，我相信對你也會有效：**專心把你目前的角色做好，能為你未來的職涯帶來成長的機會。**

你永遠無法征服一座山。你只是在山頂上站立短暫片刻，
然後風會把你的足跡吹散。
——阿琳・布魯姆（Arlene Blum），登山家

身為新主管，「對於目前所擁有的技能普遍感到不滿足」——借用客戶關係管理服務公司實際接觸（Contactually）執行長茲維・班德（Zvi Band）的描述，[3]能夠產生一種好還要更好的心態。追求學習、追求成長，

透過紀律，你可以培養不斷吸收新資訊的習慣。然後，在真實的環境裡測試你的學習，理解什麼對你有用；最重要的是，理解它為什麼有效。每天花一點時間省思你的實驗，盤點哪些洞見應該保留，做為你不斷演進的做事方法裡的一部分。之後，投身於與他人分享你的發現和學習的情境。如此實行六個月之後，回頭看你自己的成長幅度，會讓你大吃一驚。這能激勵你，獲得一路繼續往前走的力量。

我喜歡NBA明星球員瑞迪克（J. J. Redick）的說法：「你永遠沒有抵達終點的一天，你永遠都在前往終點的路上。」[4]瑞迪克有很多機會相信自己已經「抵達終點」：身為麥當勞高中全明星賽球員，他曾經兩次入選全美票選最佳球隊，並在2006年以杜克大學四年級生的身分贏得全美年度最佳球員的頭銜。在締造表現優異的大學籃球生涯之後，瑞迪克實現加入NBA的夢想：2006年，他在第一輪選秀時就入選奧蘭多魔術隊。

他經常受邀演講，聽眾從大學籃球隊到《財富》500大企業的主管和領導者都有。在某個這樣的場合，瑞迪克注意到有一名球員身上有個「ARRIVED」（抵達終點）字樣的刺青。自從瑞迪克在費城76人隊完成13個球季起（那是他職涯中紀錄最好的一年），他就一直銘記那個刺青的訊息，後來他在35歲時簽下兩年2,650萬美元的合約。對於一個在NBA的那個年代屬於身材比較矮小的球員來說，這是前所未聞的合約金額。他為「每天不斷求

進步」寫下定義。

　　對瑞迪克來說，他把焦點放在持續進步與提升。這就像爬山永遠不會登頂，但仍然樂在其中。信任流程、做每日進步需要的工作，你就會體驗到涓滴成流的效益。**絕對不要認為你已經抵達終點，請培養一種你永遠都在前往目的地路上的心態。**

　　你要不斷擴展能力的極限，以這種態度努力領導。深思並留意你可以如何擴展優勢──參加即興課程、學吉他、學外語、挑一個你一無所知的主題去上課、學畫畫、到一個你語言不通的國家去旅行……，人只有在「不得不做」時，才會知道自己的能力可以到哪裡。你每天應該拓展你的能力守備範圍，不侷限於成為團隊的優秀領導者，把同樣一套方法運用於日常生活中，努力累積進步。只要你注重追求卓越，只要你注重提升自我，只要你相信自己有進步空間，你就可以做到。我知道你可以，但這不重要。真正的問題是：你有那些渴望嗎？

謝辭

　　正如我的朋友克里斯・福塞爾（Chris Fussell）所言：「一本書不只是紙上的文字，而是人與人之間的複雜工程。」如果沒有一群優秀的人幫忙，這本書不可能問世。本書取材自我的播客節目三百五十多場的訪談，以及朋友、同儕、同事之間一對一的閒談，還有電子郵件，以及在球場上、球場邊線、重訓室的時光，我與那些卓越的領導者和教練相處的歲月——我有幸能為他們比賽或和他們並肩作戰。

　　我在麥格羅希爾出版社（McGraw-Hill）的編輯Casey Ebro：在我們一開始那通講了九十分鐘的電話之後，我就覺得Casey懂，她是這本書完美的合作夥伴。謝謝妳相信我能夠分享學習型領導者最重要的訊息。因為有妳的指引、支持和反饋，這本書才能提升無數倍。

　　Lance Salyers：沒有你，本書不可能誕生。從我們在LexisNexis的閒談，到我們的概念發想討論，以及整個寫作過程中在Slack的對話，你都是幫助我爬梳思緒和文字的好夥伴。你善於把故事具象化、運用比喻，而我粗略的初稿經過你的編輯，才有本書現在的樣貌。謝謝你。

Jim Levine：幾年前，我開始問每位來上我的播客節目的來賓這個問題：「你覺得誰是全世界最好的版權代理人？」你的名字不斷出現在他們的答案裡，有的來自你的客戶，有的來自與其他版代合作的人。謝謝你相信我、我的提案，以及本書的潛力。

Sara Stibitz：是妳把我粗淺的概念變成讓Casey（以及麥格羅希爾出版社）想要買下的精采提案，謝謝妳！

我要謝謝我曾為他們工作的最佳老闆們：

Rex Caswell：我向你學到照顧自己人的價值，以及績效指標的重要。

Bryan Miller：我向你學到說個好故事與做個言行一致的人有多重要。

Dustyn Kim：我向妳學到策略、脆弱和堅強。妳願意坦然面對一個高績效職業媽媽的掙扎，這點讓我欣賞。妳對我和許多人都有重要的啟發。

Sean Fitzpatrick：你提拔一個「業務」，讓他擔任非常不同的策略職位，肩負重責大任。當時，你在我身上看到連我自己都沒看到的價值。謝謝你。

Sean Hough：你是個吃苦耐勞的人，一路力爭上游，得到重要職位，並成為成功的領導者。我非常佩服。

Scott Schlesner：一個真正的愛家好男人，努力去愛，並且證明好人經常是贏家。

Lee Rivas：你是我長期的導師，多年來給我實用的指引。謝謝你。

Ron Ullery 與 Bob Gregg：你們當年相信那個瘦巴巴、搞不清楚自己在做什麼的八年級生，而且敢指派這個新鮮人當先發四分衛。由於你們願意督促我，我的表現與領導能力才能達到我不認為自己能夠達到的水準。我的大學獎學金是拜你們所賜。我從觀察你們與接受你們的指導學到紀律、努力工作、做好準備以及韌性的價值。除了我的父母，在我的成長過程裡，我最幸運的就是能夠為你們兩位打球。

我的前隊友們：Tony Abboud、Josh Betts、Sam Block、Ralph Bracamonte、Matt Brandt、Dan Braner、Andy Capper、Luke Clemens、Brad Colson、Andy DeVito、Zac Elcess、Austen Everson、Brandon Godsey、Jason Griffith、Anthony Hackett、A. J. Hawk、Phil Hawk、Brandon Hiatt、Alphonso Hodge、Ray Huston、Dontrell Jackson、Terrell Jones、Mike Larkin、Steve Lawrence、Ahmona Maxwell、Scott Mayle、Willy McClain、Matt Muncy、Adam Newton、Mike Nugent、Stafford Owens、Marquis Parham、Adam Porter、Matt Pusateri、Fred Ray、Ben Roethlisberger、Tyler Russ、Scott Sagehorn、Joe Serina、Spencer Shrader、Rob Stover、Spencer Tatum、Adam Taylor、Dennis Thompson、Brent Ullery、J. D. Vonderheide、Brian Westerfield、Jon Zimmerman，以及其他繁而不及備載的人。謝謝你們教會我如何打球、做準備和獲勝。

Doug Meyer：如果沒有你，世界不會對我打開這麼多扇窗，不會有這本書，不會有領導諮商工作，什麼都不會有。《學習型領導者》節目可能只會是一個播客節目、一種嗜好、一項副業。因為你的眼光，它才得以實踐，成為實實在在的事業。謝謝你的支持、你的友誼、你的指導、你的引領，以及你對我們全家的照顧。你對Kersten、Jacob 和 Jocelyn 的愛啟發了我。你的行動也啟發我，讓我知道如何成為更好的丈夫、父親和領導者。

Dave Brixey：你對我工作的支持、關懷和驕傲，以及這些對公司的支撐，對我的意義重大。謝謝你在我需要你的時候出現，永遠當我的後盾。

布梅顧問公司的團隊成員：謝謝你們展開雙臂歡迎我。每天去上班是我至深的喜樂，而那是因為有你們的關係。過去共事的兩年時光飛逝，而這只是開始，我對於下一步滿懷興奮。

我之前的團隊成員：我想把你們每個人的名字都寫出來，但那需要多一本書的篇幅才夠。

Jameson Hartke 與 Parker Mays：你們在我的指導下成長，現在成為我的同輩，我深受鼓舞，也深感榮幸。關於競爭、突破自己認為的能力極限，還有保持卓越，我從你們身上學到很多。能和你們成為朋友，我很高興，也很幸運。

John Mers、David George 與 Dave Campbell：你們是我最早雇用的人，我是如此幸運，能夠找到你們加入霍

克團隊的創始陣容。沒有你們，我們絕對不可能發展出這樣的團隊文化。你們在個人目標上展現超群表現，同時樂於助人，這是非常優異的能力。謝謝你們。

Brent Scherz：你的工作倫理，你不斷求進步的渴望，你迅速學習、培養新技能的能力，都讓我佩服。

John Bierley、Monica Brewer、Aaron Campbell、Kevin Clark、David Daoud、Monica Deal、Trip Duncan、Laura Gaddis、Amanda Geddie、Chris Gerspacher、Matt Hein、Marian Langley、Bill McKinley、Tom Ogburn、Tom Osif、Erin Shelby、Karan Singh、Laura Smith、Reinaldo Smith、Paul Speca、Kyle Williams、Carolyn Young，還有在LexisNexis所有不可思議的人：謝謝你們。

Scott Cable、Drew Callahan、Scott Dovner、Dave Dwyer、Amanda Gianino、Marc Gluckman、Michelle Marchant、Brandon McCune、Therese Mugge、Guyan Randall、David Shelby、Kimberly Shepley、Mandi Siller，以及來自優秀的Elsevier團隊的許多其他人：謝謝你們一開始對我的歡迎，並在我離開公司後，繼續與我保持聯絡。

Bryan Wish：我喜歡和你一起進行這項寫作計畫，並和你定期開發想會議。你樂於工作、樂於與他人交流的精神，令我佩服。謝謝你。

Jeremy Office：謝謝你來聽我在南佛羅里達的演說，並提出貼心的反饋。我們那頓晚餐的掏心對話，對我的幫助超乎你的想像。就是在那個時候，我領略到「我還

在學習」（Ancora imparo）這句話的真義。謝謝你。很高興能夠遇到你這個森特維爾中學加拿大馬鹿隊隊友，你讓我在離家的那段時間找到家的感覺。

Greg Meredith：我會永遠記得我們在奇波雷墨西哥燒烤店（Chipotle）排隊等待的那一天，你轉過來對我說：「你知道，你應該開一個播客節目。我認為你會把節目做得很好。你有訪談的經驗，又有推銷的能力。」那是好幾年前的事了。我珍惜你的指導、引領和友誼。你願意以與眾不同的方式思考，我深受啟發。

Charlie McMahan：我珍視我們的一對一談話。謝謝你相信我，如此慷慨傳授你的知識。你的文字和行動，對我的人生有重大影響。

Jeff (JD) Kennard：我在你離世前的那週完成本書書稿，你仍是我最愛的隊友、朋友和夥伴。你透視別人、理解別人、幫助別人的能力，是我所認識的人當中最優越的。你或許也是我見過最有自覺的人。本書所寫的內容，許多都來自我們同為隊友的時光（在同一支隊伍11年！）謝謝你，我想念你。你的妻子Kate是絕對的捍衛鬥士。請安息，我們都會全力支持她和你們的兒子Cooper和Christian。

我的領導圈成員們——Neil Anderson、Josh Ballantine、Nicci Bosco、Terry Brown、Jacob Crawford、Nick DiNardo、Jeff Estill、Matthew Evetts、Tony Hixon、Kaitlyn Jordan、Rebecca Jutkus、Matt Kaminski、Keegan

Linza、Parker Mays、Lizzie Merritt、Ben Miller、Tony Miltenberger、Joe Neikirk、Larry Seiler、Kylie Sobota、Betsy Westhafer、Derek Williams：我在工作上最大的收穫之一，就是能和你們所有人會面。你們全都是追求成長、高動機、超級聰明的人。《學習型領導者》是串起我們的共同絲線，我很高與我們有這樣的交集。我很幸運能夠發起這些對話，也期待新對話的到來。

我的播客節目來賓：這份名單實在太長，但是你們願意投入數個小時的時間和我一起錄音，這是我人生中重要的學習時刻。讓我受益良多而較為知名的人士，下列是部分名單：Mitch Albom、Scott Belsky、Brent Beshore、Jay Bilas、Liv Boeree、Chris Borland、Marcus Buckingham、David Burkus、Susan Cain、Ryan Caldbeck、James Clear、Henry Cloud、Derek Coburn、Kat Cole、Joey Coleman、Jim Collins、Beth Comstock、Bill Curry、Annie Duke、Ryan Estis、David Epstein、Tasha Eurich、Carly Fiorina、Chris Fussell、Jayson Gaignard、Scott Galloway、Allen Gannett、Seth Godin、Adam Grant、Robert Greene、Verne Harnish、Dan Heath、Clay Hebert、Todd Henry、Todd Herman、Ryan Holiday、Alex Hutchinson（協助我重寫本書的第一個故事）、Chase Jarvis、Phil Jones、James Kerr、Tim Kight、Maria Konnikova、Brian Koppelman、Pat Lencioni、Alison Levine、Michael Lombardi、David Marquet、Dave

Matthews、Philip McKernan、Charlie McMahan、Stanley McChrystal（那段不可思議的蓋茨堡之行，以及為本書作序！）、Cal Newport、Neil Pasricha、Tom Peters、Dan Pink、Brady Quinn、George Raveling、J. J. Redick、Sarah Robb O'Hagan、Gretchen Rubin、Adam Savage、Brian Scudamore、Simon Sinek、Shane Snow、Jim Tressel、Tim Urban、Mike Useem、Vanessa Van Edwards、Gary Vaynerchuk、Jenny Vrentas、Todd Wagner（開始這一切的那頓晚餐）、Liz Wiseman（本書的書名），還有許許多多其他人。我們能夠這樣一路前進一邊繼續對話，並培養真實的友誼，這大大超乎我所有的預期。與你們這些英雄成為朋友，感覺很超現實。謝謝你們繼續豐富我的生活，成為我的後盾。

《學習型領導者》節目的聽眾：謝謝你們經常給予我有力的支持、反饋和正向強化。你們親自發表的評論、電郵和社群媒體貼文等，都是我的動能，不斷激發我的熱情，以無比的活力發揮我的求知欲，陶醉於我的興趣。與有趣的人深入對話令我著迷。你們的支持給我機會，讓我可以每天去做我喜歡的事。謝謝你們。

我的母親：謝謝您忠於自我，永遠對我和每個人說實話。每個人一定都會知道您對他們的想法，我喜歡那樣。這需要勇氣，我深受啟發。我何其幸運，才能有您當我的母親，我為此感恩。此外，您也是孫子們最慈愛的奶奶，他們真的非常愛您。謝謝您。

老爸：您是卓越領導者的典範——樂觀，永遠相信事情會順利，把每一天都當成假日，而且永遠選擇對別人仁慈。沒有您，我們家不會有任何成就，沒有職業美式足球、沒有書、沒有獎學金，什麼都沒有。我會永遠以您為榜樣，向您看齊，雖然我完全知道我不可能比得上您。謝謝您為何謂優良丈夫、爸爸和領導者立下標準。

Matt (Berk)：自從Nathan出生那天，我就研究、學習你的行為，你讓我看到如何成為好爸爸。我立志要培養出像你那樣的巧手，以及建造東西的技巧（不過我知道自己絕對沒辦法和你一樣好）。最重要的是，謝謝你從第一天開始，就堅定不移地支持我。我知道你的支持不曾動搖，也永遠不會動搖。

AJ：長久以來，你都是我的榜樣。你對於工作持續瘋狂地投入，從我年輕時就對我有所啟發。你成功的關鍵，是你願意每天投身於工作，那對我啟發良多。你的成就如此輝煌，卻又如此謙卑，這有如奇蹟般的品格，每天都在我眼前上演。我為你感到萬分驕傲，我何其幸運能和你成為兄弟。

Brooklyn、Ella、Addison、Payton、Charlie：我好愛你們。你們的人格發展，讓我感到無比驕傲。當我和你們的老師會面，得知你們是他們的好幫手、你們選擇善良、你們努力用功，這些都讓我們好驕傲。謝謝你們，你們是我們所有努力背後的鼓舞力量。

Miranda：妳的愛和支持言辭難以形容，難怪我最大

的成就都始於妳走進我生命的那一刻。妳讓人想要親近
的個性、妳的美、妳的智慧、妳的工作倫理,都無可衡
量。妳也是我認識的人當中最堅強的,謝謝妳選擇和我在
一起,而且每一天都慎重再次做出同樣的選擇。我愛妳。

注釋

前言 Hi! 超級巨星，歡迎進入管理階層

1. Ovans, Andrea. "Overcoming the Peter Principle." *Harvard Business Review*. December 22, 2014. https://hbr.org/2014/12/overcoming-the-peter-principle (accessed July 25, 2018).

1 領導自我的內在修練

1. Eurich, Tasha. "What Self-Awareness Really Is (and How to Cultivate It)." *Harvard Business Review*. January 4, 2018. https://hbr.org/2018/01/what-self-awareness-really-is-and-how-to-cultivate-it (accessed February 7, 2019).

2. Eurich, Tasha. Interview with Ryan Hawk. *The Learning Leader Show*, "Episode 204: Dr. Tasha Eurich—How to Become More Self-Aware." Podcast audio. May 14, 2017. https://learningleader.com/tashaeurich/. (《學習型領導者》第204集)

3. 同注2。

4. Colvin, Geoff. *Talent Is Overrated.* Boston: Nicholas Brealey Publishing, 2008. (Kindle version, p.117.) (繁中版：《我比別人更認真》)

5. https://www.hoganassessments.com/assessment/hogan-personality-inventory/.

6. http://www.hexaco.org/.

7. https://www.gallupstrengthscenter.com/home/en-us/strengthsfinder.

8. Grant, Adam. "Goodbye to MBTI, the Fad That Won't Die." *Psychology Today*. September 18, 2013. https://www.psychologytoday.com/us/

blog/give-and-take/201309/goodbye-mbti-the-fad-won-t-die (accessed February 11, 2019).

9. Kashdan, Todd B., and Paul J. Silvia. "Curiosity and Interest: The Benefits of Thriving on Novelty and Challenge." ResearchGate. January 2009. https://www.researchgate.net/profile/Todd_Kashdan/publication/232709031_Curiosity_and_Interest_The_Benefits_of_Thriving_on_Novelty_and_Challenge/links/09e41508d50c5af6d3000000.pdf (accessed July 25, 2018).

10. 同注9。

11. Kaufman, Scott Barry. "Schools Are Missing What Matters About Learning." *The Atlantic.* July 24, 2017. https://www.theatlantic.com/education/archive/2017/07/the-underrated-gift-of-curiosity/534573/.

12. Munger, Charlie. "USC Law Commencement Speech." Genius.com. https://genius.com/Charlie-munger-usc-law-commencement-speech-annotated (accessed January 18, 2019).

13. Useem, Michael. *The Leadership Moment: Nine True Stories of Triumph and Disaster and Their Lessons for Us All.* New York City: Crown Business, 1999.（繁中版：《大決策》）

14. Useem, Michael. Interview with Ryan Hawk. *The Learning Leader Show*, "Episode #298: Michael Useem—How to Become a Learning Machine." Podcast audio. February 17, 2019. https://learningleader.com/useemhawk298/.（《學習型領導者》第298集）

15. Useem. *The Leadership Moment*, at 149 (Kindle ed.)。（繁中版：《大決策》）

16. Navarro, Joe. Interview with Ryan Hawk. *The Learning Leader Show*, "Episode 275: Joe Navarro—The World's #1 Body Language Expert (FBI Special Agent)." Podcast audio. September 22, 2018. http://learningleader.com/joenavarroryanhawk/.（《學習型領導者》第275集）

17. Schwartz, Katrina. "Don't Leave Learning Up to Chance: Framing and Reflection." KQED.org. https://www.kqed.org/mindshift/46316/dont-leave-learning-up-to-chance-framing-and-reflection (accessed January 20, 2019).

18. Scott, Kim Malone. Interview with Ryan Hawk. *The Learning Leader Show*, "Episode 223: Kim Malone Scott—Using Radical Candor to Be a Great Boss." Podcast audio. September 17, 2017. http://learningleader.com/episode-223-kim-malone-scott-using-radical-candor-great-boss/. (《學習型領導者》第223集)

19. Beshore, Brent. Interview with Ryan Hawk. *The Learning Leader Show*, "Episode #293: Brent Beshore—How to Get Rich Slow & Live an Optimal Life" Podcast audio. January 12, 2019. https://learningleader.com/beshorehawk/. (《學習型領導者》第293集)

20. Raveling, George. Interview with Ryan Hawk. *The Learning Leader Show*, Episode #281: George Raveling—Eight Decades of Wisdom: From Dr. Martin Luther King to Michael Jordan. Podcast audio. October 27, 2018, https://learningleader.com/?s=george+raveling. (《學習型領導者》第281集)

21. Elkins, Kathleen, "Buffett's Partner Charlie Munger Says the Key to Wisdom Is a Habit Anyone Can Form." CNBC.com. https://www.cnbc.com/2017/08/21/buffetts-partner-charlie-munger-share-the-key-to-wisdom.html (accessed January 22, 2019).

22. "Reading 'Can Help Reduce Stress.'" *The Telegraph*. March 30, 2009. https://www.telegraph.co.uk/news/health/news/5070874/Reading-can-help-reduce-stress.html.

23. Pack, Lauren. "Jury Issues Death Decree for Man Convicted of Killing Fairfield Attorney and a Witness." *Dayton Daily News*. October 23, 2010. https://www.daytondailynews.com/news/local/jury-issues-death-decree-for-man-convicted-killing-fairfield-attorney-and-witness/xccUYfEf1mraeGtweHdHWP/ (accessed January 24, 2019).

24. *Evil Twins*. "Do No Harm." Season 4, Episode 3. Produced by Cat Demaree and Matthew Warshauer. Investigation Discovery. October 29, 2015.

25. Herman, Todd. Interview with Ryan Hawk. *The Learning Leader Show*, "Episode #295: Todd Herman—Using Alter Egos to Transform Your Life." Podcast audio. January 27, 2019. http://learningleader.com/

toddhermanryanhawk/.（《學習型領導者》第295集）

26. Gladwell, Malcolm. *Outliers*. Penguin, 2009。（繁中版：《異數》）

27. Ericsson, Anders. Interview with Ryan Hawk. *The Learning Leader Show*, "Episode 147: Anders Ericsson—What Malcolm Gladwell Got Wrong About the 10,000 Hour Rule." Podcast audio. August 3, 2016. http://learningleader.com/episode-147-anders-ericsson/.（《學習型領導者》第147集）

28. Colvin, Geoff. *Talent Is Overrated*. Boston: Nicholas Brealey Publishing, 2008. (Kindle version, p. 66.)（繁中版：《我比別人更認真》）

29. Tolisano, Silvia. "Amplify Reflection." *Langwitches: The Magic of Learning* (blog). August 20, 2016. http://langwitches.org/blog/2016/08/30/amplify-reflection/(accessed February 5, 2019).

30. "Confucuis Quotes." BrainyQuote.com. https://www.brainyquote.com/quotes/confucius_136802 (accessed February 6, 2019).

31. "docendo discimus." Merriam-Webster.com. https://www.merriam-webster.com/dictionary/docendo%20discimus (accessed February 6, 2019).

32. "Self-Explanation," LearnLab.org. https://www.learnlab.org/research/wiki/index.php/Self-explanation (accessed February 6, 2019).

33. Jarrett, Christian. "Self-Explanation Is a Powerful Learning Technique, According to Meta-analysis of 64 Studies Involving 6000 Participants." *The British Psychological Society Research Digest*. December 7, 2018. https://digest.bps.org.uk/2018/12/07/meta-analysis-of-64-studies-involving-6000-participants-finds-that-self-explanation-is-a-powerful-learning-technique/ (accessed February 6, 2019).

34. 同注33。

35. Sieck, Winston. "Self-Explanation: A Good Reading Strategy for Bad Texts (&Good)." ThinkerAcademy.com (blog). January 3, 2019. https://thinkeracademy.com/self-explanation-reading-strategy/ (accessed February 6, 2019).

36. Kevin Arnovitz. "Pythons and PowerPonts: How the Sixers cracked

the culture code." Apr 19, 2018. https://www.espn.com/nba/story/_/id/23216496/nba-how-philadelphia-76ers-formed-culture-built-win.

37. 同注36。

38. Dweck, Carol. *Mindset: The New Psychology of Success*, 16–17. New York City: Ballantine Books, 2006.（繁中版：《心態致勝》）

39. 同注38，原文書第25頁。

2 領導自我的外在修練

1. Dorfman, Harvey. *The Mental ABCs of Pitching: A Handbook for Performance Enhancement*, at 91. Lanham, MD: The Rowman & Littlefield Publishing Group, Inc.

2. Clear, James. Interview with Ryan Hawk. *The Learning Leader Show*, "Episode 248: James Clear LIVE!—How Can We Live Better?" Podcast audio. March 11, 2018. https://learningleader.com/episode-248-james-clear-live-can-live-better/.（《學習型領導者》第248集）

3. Goggins, David. Interview with Joe Rogan. *The Joe Rogan Experience*, "#1212—David Goggins." Podcast video, December 5, 2018. https://www.youtube.com/watch?v=BvWB7B8tXK8 (accessed December 19, 2018).

4. Lugavere, Max, and Paul Grewal. *Genius Foods: Become Smarter, Happier, and More Productive While Protecting Your Brain for Life*. New York City: HarperCollins Publishers, 2018.（繁中版：《超級大腦飲食計畫》）

5. Kurson, Robert. *Shadow Divers: The True Adventure of Two Americans Who Risked Everything to Solve One of the Lost Mysteries of World War II*, p. 35. New York City: Random House, 2005.

6. Savage, Adam. Interview with Ryan Hawk. *The Learning Leader Show*, "Episode #311: Adam Savage: Life Lessons from a Master Maker." Podcast audio. May 18, 2019. http://bit.ly/savagehawk311.（《學習型領導者》第311集）

7. O'Hagan, Sarah Robb. Interview with Ryan Hawk. *The Learning*

Leader Show, "Episode 122: Sarah Robb O'Hagan—EXTREME YOU: Unlocking Your Potential." Podcast audio. May 8, 2016. https://learningleader.com/episode-122-sarah-robb-ohagan-extreme-you-unlocking-your-potential/.（《學習型領導者》第122集）

8. Goodwin, Doris Kearns. *Leadership in Turbulent Times*. New York City: Simon &Schuster, 2018.（繁中版：《危機領導》）

9. 同注8。

10. Parrish, Shane. "Decision Making: A Guide to Smarter Decisions and Reducing Errors." Farnam Street. n.d. https://fs.blog/smart-decisions/.

11. Drucker, Peter. *The Effective Executive: The Definitive Guide to Getting the Right Things Done*. New York City: HarperCollins Publishers, 1967.（繁中版：《杜拉克談高效能的5個習慣》）

12. 同注11。

13. Newport, Cal. *Deep Work: Rules for Focused Success in a Distracted World*. New York City: Grand Central Publishing, 2016.（繁中版：《Deep Work深度工作力》）

14. McCullough, David. *The Wright Brothers*. Kindle version, p. 53. New York City: Simon & Schuster, 2016.

15. Ratey, John. *Spark: The Revolutionary New Science of Exercise and the Brain*. New York City: Little, Brown and Company, 2013.（繁中版：《運動改造大腦》）

16. "Study: Exercise Has Long-Lasting Effect on Depression." *Duke Today*. September 22, 2000. https://today.duke.edu/2000/09/exercise922.html (accessed December 4, 2018).

17. Roy, Brad. "Exercise and the Brain: More Reasons to Keep Moving." *American College of Sports Medicine's Health & Fitness Journal* 16, no. 5 (September/October, 2012). https://journals.lww.com/acsm-healthfitness/fulltext/2012/09000/Copy_and_Share__Exercise_and_the_Brain_More.3.aspx (accessed December 4, 2018).

18. Belsky, Scott. Personal Twitter feed. February 11, 2019. https://twitter.com/scottbelsky/status/1095051306589249536 (accessed February 16,

2019).

19. Peters, Tom. Personal Twitter feed. March 27, 2018. https://twitter.com/tom_peters/status/978670934159777792?lang=en (accessed March 18, 2019).

20. Useem. *The Leadership Moment*, 127 (Kindle ed.) （繁中版：《大決策》）

21. Luther, Claudia. "Coach John Wooden's Lesson on Shoes and Socks." UCLA Newsroom. June 4, 2010. http://newsroom.ucla.edu/stories/wooden-shoes-and-socks-84177 (accessed December 9, 2018).

22. Axelson, G. W. *Commy: The Life Story of Charles A. Comiskey*, at 316. Chicago: The Reilly & Lee Co., 2003.

3 耕耘團隊文化

1. Coyle, Daniel. Interview with Ryan Hawk. *The Learning Leader Show*, "Episode 242: Daniel Coyle—The Secret of Highly Successful Groups (The Culture Code)." Podcast audio. January 28, 2018. http://learningleader.com/episode-242-daniel-coyle-secret-highly-successful-groups-culture-code/. （《學習型領導者》第242集）

2. Geertz, Clifford. *The Interpretation of Cultures*. Basic Books, 2017.

3. Walsh, Bill, Steve Jamison, and Craig Walsh. *The Score Takes Care of Itself: My Philosophy of Leadership*, 25. New York: Portfolio, 2010.

4. Coyle, Daniel. *The Culture Code: The Secrets of Highly Successful Groups*. New York: Bantam Books, 2018. （繁中版：《高效團隊默默在做的三件事》）

5. D'Andrade, Roy. "The Cultural Part of Cognition." *Cognitive Science* 5, no. 3 (1981): 179–95. doi:10.1016/s0364-0213(81)80012-2.

6. Krasinski, John. Interview with Scott Feinberg. *Awards Chatter*, "John Krasinski ('A Quiet Place' & 'Jack Ryan'). Podcast audio. December 31, 2018. https://www.hollywoodreporter.com/race/awards-chatter-podcast-john-krasinski-a-quiet-place-1171612.

7. Ridge, Garry. Interview with Ryan Hawk. *The Learning Leader Show*, "Episode 125: Garry Ridge—How to Build a Tribal Culture (CEO WD-

40).” Podcast audio. May 18, 2016. https://learningleader.com/episode-125-garry-ridge-how-to-build-a-tribal-culture-ceo-wd-40/.（《學習型領導者》第125集）

8. 同注7。

9. Anderson, Chris. “TED's Secret to Great Public Speaking.” March 2016. https://www.ted.com/talks/chris_anderson_teds_secret_to_great_public_speaking/transcript?language=en (accessed March 23, 2019).

10. 同注9。

11. Economy, Peter. “Want Your Team's Respect and Loyalty? These 7 Habits Are Essential.” *Inc.* https://www.inc.com/peter-economy/if-you-want-your-teams-respect-loyalty-these-7-habits-are-essential.html?cid=sf01001 (accessed November 26, 2018).

12. Pach, Chester J., Jr. “Dwight D. Eisenhower: Life Before the Presidency.” UVA Miller Center. n.d. https://millercenter.org/president/eisenhower/life-before-the-presidency.

13. 同注12。

14. Myers, Joe. “Why Don't Employees Trust Their Bosses?” World Economic Forum. https://www.weforum.org/agenda/2016/04/why-dont-employees-trust-their-bosses/ (accessed July 26, 2018.).

15. Bingham, Sue. “If Employees Don't Trust You, It's Up to You to Fix It.” *Harvard Business Review.* May 3, 2017. https://hbr.org/2017/01/if-employees-dont-trust-you-its-up-to-you-to-fix-it (accessed July 26, 2018).

16. Branson, Richard. Interview with Stephen Dubner. *Freakonomics,* “Extra: Richard Branson Full Interview (Ep. 321).” Podcast audio. February 25, 2018. http://freakonomics.com/podcast/richard-branson/ (accessed July 26, 2018).

17. 同注16。

18. McChrystal, Stanley. “Listen, Learn… Then Lead.” TED2011. March, 2011. https://www.ted.com/talks/stanley_mcchrystal/

transcript#t-171738 (accessed March 24, 2019).

19. 同注18。

20. McChrystal, Stanley. Interview with Ryan Hawk. *The Learning Leader Show*, "Episode#303—General Stanley McChrystal—The New Definition of Leadership." Podcast audio. March 23, 2019. https://learningleader. com/mcchrystalhawk303/.（《學習型領導者》第303集）

21. Jensen, Anabel. "Three Key Strategies from Stephen MR Covey: How to Lead with Trust & Optimize Wellbeing." Blog post. https:// www.6seconds.org/2017/10/31/stephen-mr-covey-three-key-strategies/ (accessed March 24, 2019).

22. 同注21。

23. 同注21。

24. Cole, Kat. Interview with Ryan Hawk. *The Learning Leader Show*, "Episode 078: Kat Cole—From Hooters Waitress to President of Cinnabon." Podcast audio. December 7, 2015. https://learningleader. com/episode-078-kat-cole-from-hooters-waitress-to-president-of-cinnabon/.（《學習型領導者》第78集）

25. Quinn, Brady. Interview with Ryan Hawk. *The Learning Leader Show*, "Episode 011: Brady Quinn—Why Certain People Are Great Leaders and Why Others Are Not." Podcast audio. May 24, 2016. http:// learningleader.com/episode-011-brady-quinn-why-certain-people-are-great-leaders-and-why-others-are-not/.（《學習型領導者》第11集）

26. Gallup, Inc. "How to Create a Culture of Psychological Safety." Gallup.com. December 7, 2017. https://news.gallup.com/opinion/gallup/223235/create-culture-psychological-safety.aspx (accessed July 26, 2018).

27. Duhigg, Charles. "What Google Learned from Its Quest to Build the Perfect Team." *New York Times*. February 25, 2016. https://www. nytimes.com/2016/02/28/magazine/what-google-learned-from-its-quest-to-build-the-perfect-team.html (accessed July 26, 2018).

28. Gallup, Inc. "How to Create a Culture of Psychological Safety."

Gallup.com.December 7, 2017. https://news.gallup.com/opinion/gallup/223235/create-culture-psychological-safety.aspx (accessed July 26, 2018).

29. Seppälä and Cameron. "Proof That Positive Work Cultures Are More Productive."

30. Gallup, Inc. "How to Create a Culture of Psychological Safety." Gallup.com. December 07, 2017. https://news.gallup.com/opinion/gallup/223235/create-culture-psychological-safety.aspx (accessed July 26, 2018).

31. Marquet, David. Interview with Ryan Hawk. *The Learning Leader Show* "Episode #257: David Marquet—Intent Based Leadership (Turn The Ship Around!)." Podcast audio. May 13, 2018. http://learningleader.com/episode-257-david-marquet-intent-based-leadership-turn-ship-around/. (《學習型領導者》第257集)

32. Seppälä and Cameron. "Proof That Positive Work Cultures Are More Productive."

33. Fussell, Chris. Interview with Ryan Hawk. *The Learning Leader Show*, "Episode 215: Chris Fussell—How to Build a Team of Teams (One Mission)." Podcast audio. July 22, 2017. http://learningleader.com/episode-215-chris-fussell-build-team-teams-one-mission/. (《學習型領導者》第215集)

34. Wojciechowski, Steve. Interview with Ryan Hawk. *The Learning Leader Show*, "Episode 226: Steve Wojciechowski—How to Win Every Day." Podcast audio. October 8, 2017. http://learningleader.com/episode-226-steve-wojciechowski-win-every-day/. (《學習型領導者》第226集)

35. McChrystal, Stan. Interview with Ryan Hawk. *The Learning Leader Show*, "Episode #303: General Stanley McChrystal—The New Definition of Leadership. (《學習型領導者》第303集)

36. Amabile, Teresa. Teresa Amabile's Progress Principle. http://www.progressprinciple.com/ (accessed July 30, 2018).

37. Cloud, Henry. Interview with Ryan Hawk. *The Learning Leader Show*,

"Episode 229: Henry Cloud—'Be So Good They Can't Ignore You.'" Podcast audio. October 29, 2017. http://learningleader.com/episode-229-henry-cloud-good-cant-ignore/.（《學習型領導者》第229集）

38. Greene, Robert. Interview with Ryan Hawk. *The Learning Leader Show*, "Episode 220: Robert Greene—The Laws of Power & Mastery." Podcast audio. August 26, 2017. https://learningleader.com/episode-220-robert-greene-laws-power-mastery/.（《學習型領導者》第220集）

39. Wiseman, Liz. Interview with Ryan Hawk. *The Learning Leader Show*, "Episode 160: Liz Wiseman—Why Lack of Experience Is Your Advantage." Podcast audio. September 20, 2016. http://learningleader.com/episode-160-liz-wiseman/.（《學習型領導者》第160集）

4 打造團隊陣容

1. Collins, Jim. Interview with Ryan Hawk. *The Learning Leader Show*, "Episode 216: Jim Collins—How to Go from Good to Great." Podcast audio. July 30, 2017. https://learningleader.com/episode-216-jim-collins-go-good-great/.

2. Useem, Michael. *The Leadership Moment: Nine Stories of Triumph and Disaster and Their Lesson for Us All*, at 88 (Kindle ed.). New York City: Crown Business, 1999.（繁中版：《大決策》）

3. 同注2。

4. Eisner, Michael, and Aaron Cohen. *Working Together: Why Great Partnerships Succeed*, at 49 (Kindle ed.). New York City: HarperBusiness, 2012.

5. McChrystal, Stanley. Interview with Ryan Hawk. *The Learning Leader Show*, "Episode #303: General Stanley McChrystal—The New Definition of Leadership." March 23, 2019. https://learningleader.com/mcchrystalhawk303/。（《學習型領導者》第303集）

6. Watkins, Michael. Interview with Ryan Hawk. *The Learning Leader Show*, "Episode 180: Michael Watkins—The First 90 Days: How to Ensure Success in Your New Role." Podcast audio. December 12, 2016. https://learningleader.com/episode-180-michael-watkins-first-90-

days-ensure-success-new-role/.（《學習型領導者》第180集）

7. "Lessons from Keith Rabois Essay 2: How to Interview an Executive." April 12, 2019. www.delian.io/lessons-2.

8. Bryant, Kobe. Personal twitter feed. December 12, 2014. https://twitter.com/kobebryant/status/543472541285629952?lang=en (accessed March 29, 2019).

9. Clifton, Jim, and Jim Harter. *It's the Manager*. Gallup Press, 2019. Also discussed in Clifton, Jim. Interview with Ryan Hawk. *The Learning Leader Show*, "Episode #319: Jim Clifton—How to Become a World-Class Manager (CEO of Gallup)." Podcast audio. July 9, 2019. https://learningleader.com/cliftonhawk319/.（《學習型領導者》第319集）

10. Gordon, Jon. Interview with Ryan Hawk. *The Learning Leader Show*, "Episode 072: Jon Gordon—Optimistic People Win More | The Energy Bus." Podcast audio. November 16, 2015. https://learningleader.com/episode-072-jon-gordon-optimistic-people-win-more-the-energy-bus/.（《學習型領導者》第72集）

11. Sinek, Simon. Interview with Ryan Hawk. *The Learning Leader Show*, "Episode 107: Simon Sinek—Leadership: It Starts with Why." Podcast audio. March 16, 2016. https://learningleader.com/episode-107-simon-sinek-leadership-it-starts-with-why/.（《學習型領導者》第107集）

12. Kerr, James. Interview with Ryan Hawk. *The Learning Leader Show*, "Episode #301: James Kerr—How to Create an Ethos of Excellence (Legacy)." Podcast audio. March 10, 2019. https://learningleader.com/kerrhawk301/.（《學習型領導者》第301集）

13. Wilner, Barry. "All 12 Playoff Coaches Are Tied to Bill Walsh or Parcells." *Star-Tribune*. January 5, 2019. http://www.startribune.com/all-12-playoff-coaches-are-tied-to-bill-walsh-or-parcells/503940492/ (accessed March 23, 2019).

5 傳達訊息

1. "USA Cycling Hires New Balance Boss Rob DeMartini as CEO." ESPN.com. January 7, 2019. http://www.espn.com/olympics/cycling/story/_/

id/25706319/usacycling-hires-new-balance-boss-rob-demartini-ceo (accessed February 16, 2019).

2. DeMartini, Rob. Interview with Ryan Hawk. *The Learning Leader Show*, "Episode 042: Rob DeMartini—CEO of New Balance: The Leader Behind Their Explosive Growth." Podcast audio. August 2, 2015. https://learningleader.com/episode-042-rob-demartini-ceo-of-new-balance-the-leader-behind-their-explosive-growth/. (《學習型領導者》第42集)

3. Brown, Brené. "The Power of Vulnerability." TEDxHouston. 2010. https://www.ted.com/talks/brene_brown_on_vulnerability?language=en.

4. Rutledge, Pamela. "The Psychological Power of Storytelling." *Psychology Today* (blog). January 16, 2011. https://www.psychologytoday.com/us/blog/positively-media/201101/the-psychological-power-storytelling (accessed February 17,2019).

5. Gionek, Katie L., and Paul E. King. "Listening to Narratives: An Experimental Examination of Storytelling in the Classroom." Taylor & Francis Online. January 8, 2014. https://www.tandfonline.com/doi/abs/10.1080/10904018.2014.861302?journalCode=hijl20 (accessed July 27, 2018).

6. Snow, Shane. *SmartCuts: How Hackers, Innovators, and Icons Accelerate Success*, p. 6 (Kindle edition). New York: HarperCollins Publishers Inc., 2014. (繁中版:《聰明捷徑》)

7. 同注6,原文第13頁。

8. http://www.billhicks.com/quotes.html.

9. Weinberger, Matt. "Elon Musk Reportedly Tells Tesla Employees That They Should Just Leave Meetings or Hang up the Phone If It's Not Productive." *Business Insider*. April 17, 2018. https://www.businessinsider.com/elon-musk-productivity-tip-leave-meetings-if-theyre-not-productive-2018-4 (accessed July 26, 2018).

10. Trask, Amy. Interview with Ryan Hawk. *The Learning Leader Show*, Episode 163: Amy Trask—Former NFL CEO: "You Negotiate Like

a Girl." Podcast audio. September 28, 2016. https://learningleader. com/?s=amy+trask. (《學習型領導者》第163集)

11. Yeh, Raymond T., and Stephanie H. Yeh. *The Art of Business: In the Footsteps of Giants*, p. 143. Olathe, CO: Zero Time Publishing, 2004.

12. Zenger, Jack, and Joseph Folkman. "What Great Listeners Actually Do." *Harvard Business Review*. July 14, 2016. https://hbr.org/2016/07/ what-great-listeners-actually-do (accessed July 26, 2018).

13. Cialdini, Robert. Interview with Ryan Hawk. *The Learning Leader Show*, "Episode 167: Robert Cialdini—The Godfather of Influence." Podcast audio. October 12, 2016. https://learningleader.com/episode-167-robert-cialdini-godfather-influence/. (《學習型領導者》第167集)

14. Peters, Tom, and Robert H. Waterman. *In Search of Excellence: Lessons from America's Best-Run Companies*. Sydney NSW: Harper & Row Publishers, 1984. (繁中版:《追求卓越》)

15. "The Daily Show's Writers' Room Exemplifies 'Burstiness.'" Cheddar. June 6, 2018. https://cheddar.com/videos/the-daily-shows-writers-room-exemplifies-burstiness (accessed July 26, 2018).

16. McMahan, Charlie. Interview with Ryan Hawk. *The Learning Leader Show*, "Episode #263: Charlie McMahan—How to Build a Tribe from 50 to 5,000." Podcast audio. June 24, 2018. https://learningleader.com/ charliemcmahansouthbrook/. (《學習型領導者》第263集)

17. Scott, Kim Malone. Interview with Ryan Hawk. *The Learning Leader Show*, "Episode 223: Kim Malone Scott—Using Radical Candor to Be a Great Boss." Podcast audio. September 17, 2017. http://learningleader. com/episode-223-kim-malone-scott-using-radical-candor-great-boss/. (《學習型領導者》第223集)

18. Brian Koppelman. Twitter feed. June 4, 2018. https://twitter.com/ briankoppelman/status/1003435779811618816 (accessed July 26, 2018).

19. Graham, Paul. "Maker's Schedule, Manager's Schedule." (blog). July 2009. http://www.paulgraham.com/makersschedule.html (accessed February 20, 2019).

20. Mueller, Pam A., and Daniel M. Oppenheimer. "The Pen Is Mightier Than the Keyboard: Advantages of Longhand Over Laptop Note Taking." Psychological Science OnlineFirst, published on May 22, 2014, as doi:10.1177/0956797614524581.

6 達成目標

1. Kerr, James. Interview with Ryan Hawk. *The Learning Leader Show*, "Episode #301: James Kerr—How to Create an Ethos of Excellence (Legacy)." Podcast audio. March 10, 2019. https://learningleader.com/kerrhawk301/. (《學習型領導者》第301集)

2. Peters, Tom. Personal twitter feed. February 6, 2018. https://twitter.com/tom_peters/status/960984439470702597 (accessed April 3, 2019).

3. Michael Useem. Interview with Ryan Hawk. *The Learning Leader Show*, "Episode #298: Michael Useem—How To Become A Learning Machine." Podcast audio. February 17, 2019. https://learningleader.com/useemhawk298/. (《學習型領導者》第298集)

4. Peters, Tom. "More Management Misconceptions." Personal blog post. Date unknown. https://tompeters.com/columns/more-management-misconceptions/(accessed April 4, 2019).

5. Greene, Robert. *The 33 Strategies of War*. London: Profile Books LTD.

6. 同注5。

7. 同注5。

8. Buckingham, Marcus. Interview with Ryan Hawk. *The Learning Leader Show*, "Episode #305: Marcus Buckingham & Ashley Goodall—A Leader's Guide to the Real World (Break All the Rules)." Podcast audio. April 5, 2019. https://learningleader.com/buckinghamhawk305/. (《學習型領導者》第305集)

9. Venus, Merlijn, Daan Stam, and Daan van Knippenberg. "Research: To Get People to Embrace Change, Emphasize What Will Stay the Same." *Harvard Business Review*. August 15, 2018. https://hbr.org/2018/08/research-to-get-people-to-embrace-change-emphasize-what-will-stay-

the-same (accessed March 19, 2019).

10. Useem, Michael. *The Leadership Moment.*（繁中版：《大決策》）

11. Sivers, Derek. Personal blog post. January 28, 2019. https://sivers.org/dj (accessed February 17, 2019).

12. Guidara, Will. Interview with Brian Koppelman. *The Moment with Brian Koppelman.* "Will Guidara 2/12/19." Podcast audio. February 12, 2019. https://www.stitcher.com/podcast/the-moment-with-brian-koppelman/e/58729476 (accessed February 17, 2019).

13. Jones, Phil. Interview with Ryan Hawk. *The Learning Leader Show*, "Episode #221: Phil Jones—What to Say to Influence and Impact Others (Magic Words)." Podcast audio. September 3, 2017. https://learningleader.com/episode-221-phil-jones-say-influence-impact-others-magic-words/.（《學習型領導者》第221集）

14. Walsh, Bill. *The Score Takes Care of Itself*, at 30.

15. Kerr, James. Interview with Ryan Hawk. *The Learning Leader Show*, "Episode #301: James Kerr—How to Create an Ethos of Excellence (Legacy). Podcast audio. March 10, 2019. https://learningleader.com/kerrhawk301/.（《學習型領導者》第301集）

16. Gregorek, Jerzy. Interview with Tim Ferriss. *The Tim Ferriss Show.* "The Lion of Olympic Weightlifting, 62-Year-Old Jerzy Gregorek (Also Featuring: Naval Ravikant) (#228)." Podcast audio. March 16, 2017. https://tim.blog/2017/03/16/jerzy-gregorek/ (accessed November 28, 2018).

17. Marcinko, Richard. "Quotable Quote." Goodreads.com. https://www.goodreads.com/quotes/121087-the-more-you-sweat-in-training-the-less-you-bleed (accessed March 25, 2019).

18. Becker, Joshua. "The Hidden Power of Humility." Personal blog post. Date unknown. https://www.becomingminimalist.com/the-hidden-power-of-humility/ (accessed March 23, 2019).

19. Koppelman, Brian. Interview with Ryan Hawk. *The Learning Leader Show*, "Episode #306: Brian Koppelman—Follow Your Curiosity

and Obsessions with Rigor." Podcast audio. April 14, 2019. https://learningleader.com/koppelmanhawk/.（《學習型領導者》第306集）

20. Beshore, Brent. Interview with Ryan Hawk. *The Learning Leader Show*, "Episode #293: Brent Beshore—How to Get Rich Slow & Live an Optimal Life." Podcast audio. January 12, 2019. https://learningleader. com/beshorehawk/.（《學習型領導者》第293集）

結語 收穫

1. Liddell, H. G., and R. Scott. *A Greek–English Lexicon*, 9th ed. Oxford, 1940. s.v. ἀρετή. Cited in Wikipedia, "*Arete*."

2. Fiorina, Carly. Interview with Ryan Hawk. *The Learning Leader Show*, "Episode #307: Carly Fiorina—Why You Should Run Towards the Fire." Podcast audio, April 21, 2019. https://learningleader.com/ fiorinahawk307/.（《學習型領導者》第307集）

3. Band, Zvi. Interview with Ryan Hawk. *The Learning Leader Show*, "Episode #312: Zvi Band—How to Leverage the Power of Your Relationships. Podcast audio. May 25, 2019. https://learningleader. com/bandhawk312/.（《學習型領導者》第312集）

4. Redick, J. J. Interview with Ryan Hawk. *The Learning Leader Show*, "Episode #217: J. J. Redick—'You've Never Arrived. You're Always Becoming.'" Podcast audio. August 6, 2017. https://learningleader.com/ episode-217-jj-redick-youve-never-arrived-youre-always-becoming/ （《學習型領導者》第217集）

Star 星出版 財經商管 Biz 018

歡迎進入管理階層
從一流工作者成長為卓越領導者

Welcome to Management
How to Grow from Top Performer
to Excellent Leader

作者 —— 萊恩‧霍克 Ryan Hawk
譯者 —— 周宜芳

總編輯 —— 邱慧菁
特約編輯 —— 吳依亭
校對 —— 李蓓蓓
封面完稿 —— 劉亭瑋
內頁排版 —— 立全電腦印前排版有限公司

讀書共和國出版集團社長 —— 郭重興
發行人兼出版總監 —— 曾大福
出版 —— 星出版／遠足文化事業股份有限公司
發行 —— 遠足文化事業股份有限公司
　　　　231 新北市新店區民權路 108 之 4 號 8 樓
　　　　電話：886-2-2218-1417
　　　　傳真：886-2-8667-1065
　　　　email: service@bookrep.com.tw
　　　　郵撥帳號：19504465 遠足文化事業股份有限公司
　　　　客服專線 0800221029
法律顧問 —— 華洋國際專利商標事務所 蘇文生律師
製版廠 　　中原造像股份有限公司
印刷廠 —— 中原造像股份有限公司
裝訂廠 —— 中原造像股份有限公司
登記證 —— 局版台業字第 2517 號

出版日期 —— 2022 年 08 月 10 日第一版第一次印行
定價 —— 新台幣 400 元
書號 —— 2BBZ0018
ISBN —— 978-626-95969-4-2

國家圖書館出版品預行編目（CIP）資料

歡迎進入管理階層：從一流工作者成長為卓越領導者／萊恩‧
霍克 Ryan Hawk 著；周宜芳 譯 . 第一版 . – 新北市：星出版：
遠足文化事業股份有限公司發行 , 2022.08
272 面；15x21 公分 . --（財經商管；Biz 018）.
譯自：Welcome to Management: How to Grow from Top Performer
to Excellent Leader

ISBN 978-626-95969-4-2(平裝)

1.CST：管理者 2.CST：組織管理

494.2　　　　　　　　　　　　　　　111011746

Welcome to Management by Ryan Hawk
Copyright © 2020 by Ryan Hawk
Complex Chinese Translation Copyright © 2022 by Star Publishing,
an imprint of Walkers Cultural Enterprise Ltd.
This Complex Chinese edition is licensed by McGraw Hill Education.
All Rights Reserved.

星出版讀者服務信箱 —— starpublishing@bookrep.com.tw
讀書共和國網路書店 —— www.bookrep.com.tw
讀書共和國客服信箱 —— service@bookrep.com.tw
歡迎團體訂購，另有優惠，請洽業務部：886-2-22181417 ext. 1132 或 1520

本書如有缺頁、破損、裝訂錯誤，請寄回更換。
本書僅代表作者言論，不代表星出版／讀書共和國出版集團立場與意見，文責由作者自行承擔。

新觀點
新思維
新眼界